JN411645

21세기 동북아 연결망

한중 해저터널의 기본구상

이 도서의 국립중앙도서관 출판시도서목록(CIP)은 e-CIP홈페이지(http://www.nl.go.kr/ecip)에서 이용하실 수 있습니다. (CIP제어번호: CIP2010004263)

Grand network for Northeast Asia
in the 21st century
Basic conception of
the Korea-China Subsea Tunnel

21세기 동북아 연결망

한중 해저터널의 기본구상

조응래 외

한울
아카데미

인 사 말

경기도지사 **김 문 수**

유럽 및 북미와 함께 세계 3대 경제권의 하나로 부상하고 있는 한·중·일 3개국은 현재 전 세계 GDP의 약 22%를 점유하고 있으며, 골드만삭스 전망에 따르면 2030년에 전 세계 GDP의 29.3%를 차지할 것으로 보입니다. 이러한 여건 변화에 부응하고 선진 일류국가로 도약하기 위해서는 바다로 단절되어 있는 한·중·일을 연결하는 통합운송망인 해저터널 건설에 대한 검토가 필요합니다.

한중 해저터널은 동북아경제권 경제협력의 연결로로서 물류비용과 시간을 획기적으로 절감하여 양국 간 교통·물류 협력을 크게 증진시킬 것으로 예상됩니다. 또한 문화·관광 교류가 늘어나 고용증대와 지역경제 활성화에도 크게 기여할 것으로 예상됩니다. 불과 2시간도 되지 않아 산둥성까지 도착할 수 있다는 이야기가 꿈같이 들릴 수도 있습니다. 하지만 이러한 꿈은 꿈꾸는 사람들에 의해 이루어질 수 있다고 생각합니다. 지금 여러 가지 제약조건이 많이 있지만 제가 바라는 것은 한국과 중국이 긴밀하게 발전해 나가는 데 이 한중 해저터널이 중요한 역할을 하는 것입니다.

중국과 한국 사이에 있는 황해는 아주 오래된 역사를 갖고 있는 양국이 서로 교류하고 함께하는 중요한 바다입니다. 중국은 이미 황해 일대 해안을 중심으로 급속한 경제성장을 하고 있으며 개방과 성장을 주도하는 역할을 하고 있습니다. 단순히 이 지역의 역내 성장을 주도하는 것이 아니라 전 세계적으로 놀라운 성장을 주도하는 것이 황해를 끼고 있는 연안 도시입니다. 대한민국도 인천을 비롯해 경기도 화성, 평택 등 서해안지역이 발전의 중요한 역할을 수행하고 있습니다.

대한민국 국민들의 미래를 향한 꿈, 대륙을 향한 꿈, 그리고 막힌 바다를 열어 세계를 향해서 힘차게 교류해 나가는 그러한 씩씩한 기상과 진취적인 미래를 함께 꿈꿔볼 수 있는 그런 주제로서 이 한중 해저터널은 우리들에게 내일을 생각해 볼 수 있는 좋은 주제라고 생각합니다. 우선 경기도와 산둥성이 협력하여 지속적으로 기초연구를 추진한다면 한국과 중국의 국가적 과제로 검토되는 계기가 마련되고, 사업 현실화를 앞당길 수 있을 것으로 기대합니다. 한중 해저터널에 대한 많은 관심과 협력을 부탁드립니다.

추 천 사

서울대학교 명예교수 송 병 락

한국은 대륙진출과 해양진출이 용이한 반도국가라는 지경학적 특수성으로 인하여 과거부터 중국, 일본과 때로는 전쟁을 치르고, 때로는 우호관계를 유지하면서 발전해 왔습니다. 최근에는 역내 국가의 경제력이 확대되면서 한국, 중국, 일본을 중심으로 한 동북아시아 지역은 자유무역협정과 같은 제도적인 경제통합은 없지만 유럽 및 북미와 함께 세계 3대 경제권의 하나로 부상하고 있습니다.

1992년 한중 간 수교가 이루어진 이후 중국과의 경제 교류는 20년도 되지 않은 짧은 기간에 급격한 증가세를 나타내었습니다. 특히 2007년에는 총 수입액 중 중국이 차지하는 비율이 일본과 역전되면서 중국은 우리나라 제1의 수출대상국은 물론 수입대상국으로도 부상하였습니다. 중국은 개혁개방 이후 연 9%의 고도성장을 이룩해 왔습니다. 그리고 전통제조업에 기반한 중국의 경제성장이 기술주도형으로 전환됨에 따라 일본 중심의 동북아시아지역 분업체계는 새로운 국면을 맞게 될 것으로 전망됩니다. 따라서 향후 동북아시아 3국은 금융, 물류, 지식산업을 선점하기 위해 경쟁과 협력관계가 모두 촉진될 것으로 전망됩니다.

한국은 베이징~서울~도쿄를 잇는 동북아시아 개발축인 베세토(BESETO)의 지리적 중심에 있습니다. 그리고 일본의 도쿄~오사카 간 550㎞나 되는 지역이 모두 도시로 연결되어 있고, 중국은 주요 도시를 연결하는 10,000㎞의 고속철도 건설공사를 추진 중에 있습니다. 그런데 한중 해저터널이 건설되면 동북아시아의 주요 도시들이 모두 고속철도로 연결될 수 있습니다. 시속 400㎞ 이상의 신형 고속철도가 운행되면 베세토 지역은 하루 생활권으로 묶이게 될 수도 있는 것입니다. 이는 꿈같은 이야기로도 들립니다. 그러나 인류 역사를 통하여 수많은 기술의 혁신과 발전이 꿈같던 이야기들을 하나하나 현실화시켜 왔다는 사실을 감안한다면 이는 불가능한 일이 아니라는 생각이 듭니다.

최근 정부에서도 중국, 일본, 러시아 등과 초국가적 연계 벨트를 구축하기 위하여 한중 해저터널과 한일 해저터널 건설에 대한 타당성 검토를 진행한다고 합니다. 앞으로 이 계획이 잘 추진되어 동북아시아 3국이 동반 발전을 더욱더 잘할 수 있게 되기를 기대합니다.

발 간 사

경기개발연구원 원장 **좌 승 희**

정부는 5+2 광역경제권별 특화발전을 통하여 글로벌 경쟁력을 제고시키려는 지역발전전략을 추진하고 있습니다. 정부의 이러한 전략이 제시된 이후, 광역경제권 내부 도시의 상호기능 보완을 통하여 경제적 집적이익을 극대화하고, 연계성을 확보하여 시너지를 창출하는 메가시티 개념이 활발히 논의되고 있습니다.

최근에는 국경을 뛰어넘어 인구 1,000만 명 이상이 거주하는 각국의 메가시티를 결합하여 단일 생활공간으로 형성하는 메타시티 개념도 논의되기 시작하였습니다. 이러한 개념은 이미 1994년에 영국과 프랑스가 유로터널의 건설을 통해 런던과 파리 대도시권을 연결시킴으로써 유럽의 실질적인 경제통합을 이룬 사례에서 구체화된 바 있습니다. 덴마크 코펜하겐과 스웨덴 말뫼에서는 매일같이 국경을 넘어 출퇴근이 이루어지고 있으며, 주말에는 양 지역을 오가면서 여가를 즐기고 있는 실정입니다. 이것은 덴마크와 스웨덴을 연결하는 외레순 다리(Øresund Bridge)라는 교통시설이 만들어졌기 때문에 가능해진 일입니다.

동북아시아에 위치한 한국과 중국, 일본은 지리적으로 가깝고 경제성장 전략이 비슷하여 무역 및 투자 확대를 통한 기능적인 경제통합이 이루어져 왔습니다. 이러한 경제협력을 뒷받침하기 위한 교통시설로 그동안에는 북한과 중국을 연결하는 TCR, 러시아를 연결하는 TSR을 중심으로 한 철도운송망과 아시안 하이웨이 구축방안 등이 논의되어 왔습니다. 하지만 이제는 한국과 중국 간의 교역량 급증에 따라 보다 효율적인 여객 및 화물 운송시스템 구축에 대한 검토가 필요하다고 생각합니다.

우리 연구원에서는 2008년 초부터 한중 해저터널 건설 방안을 검토해 왔습니다. 한중 간 주요 인구 밀집지역을 직결하는 해저터널을 건설하게 되면 여객 및 물류의 비용과 시간 절감, 한중 간 교류활성화 등 다양한 측면에서 긍정적인 효과가 있을 것으로 전망됩니다. 동북아 경제협력의 연결망 역할을 수행하게 될 한중 해저터널 기본구상에 대한 독자 여러분의 많은 관심을 부탁드립니다. 아울러, 이번 책자 완성을 위해 노력해 주신 집필진 여러 분들께 감사의 말씀을 드립니다.

서 문

대표저자, 경기개발연구원 부원장 **조 응 래**

한중 해저터널은 지난 2008년 초 경기개발연구원의 전임 원장이셨던 노춘희 원장께서 김문수 경기도지사께 향후 한국과 중국의 긴밀한 정치·경제적 협력관계에 대비한 교통시설로서 해저터널 건설의 필요성을 제안하면서 본격적인 검토가 시작되었습니다. 당초에는 중국의 산둥성 웨이하이에서 경기도 화성, 평택을 연결하는 방안이 검토되었으나, 동북아시아 지역의 허브공항 역할을 담당하고 있는 인천뿐만 아니라, 한반도 통일 이후의 교통체계를 고려할 때 최단거리로 연결되는 북한의 옹진까지 대안으로 포함하여 검토가 이루어졌습니다.

한중 해저터널 구상에 대해 두 번의 국제 세미나를 개최하였는데 긍정적인 반응도 있고, 부정적인 반응도 있었습니다. 대부분의 지적은 유로터널의 사례에서 보듯 해저터널 건설 후 엄청난 적자가 예상되는데 건설할 필요가 있는지, 기술적으로 가능한지 등의 우려였습니다. 해저터널을 건설하기 위해서는 필요성, 경제성, 재무적 타당성 등이 면밀히 검토되어야 하겠지만, 이 사업을 추진한다고 할 때 제일 중요한 것은 우리는 해저터널을 건설할 기술력을 갖고 있느냐 하는 것입니다.

우리나라에 300m 이상의 초고층 빌딩이 하나도 없을 때에도 아랍에미리트의 부르즈 칼리파(828m), 대만의 타이베이 101 빌딩(508m), 말레이시아의 페트로나스 트윈타워(452m)와 같은 세계 최고의 초고층 빌딩들을 우리나라 건설회사가 시공하였습니다. 초고층 빌딩 건설에 있어서 대한민국의 기술력을 의심하는 나라는 아마도 없을 것입니다. 그러나 해저터널에 대한 시공 기술력은 매우 미흡한 수준입니다. 해저터널도 초고층 건물과 마찬가지로 상당한 수준의 기술력을 갖추어야 시공이 가능한 시설입니다. 한중 해저터널의 필요성에 대한 논의와는 별도로 시공 기술력이 확보되어야 우리 손으로 해저터널을 건설할 수 있으며, 전 세계에서 검토되고 있는 해저터널 시장에 우리나라도 참여할 수 있는 것입니다.

중국의 경우 최근 산둥성 옌타이와 랴오닝성 다롄을 연결하는 170㎞의 해저터널을 건설하는 계획을 검토하고 있다고 밝혔습니다. 중국의 이러한 구상이 실현되면 한중 해저터널 건설 필요성에도 많은 영향을 미칠 것으로 판단됩니다. 하지만 해저터널 건설을 위해 사전에 기술력 확보를 위한 기초연구가 착실히 진행되고, 성공적인 시공 사례들이 축적되면 한중 해저터널 논의는 관련 산업 전반에 있어서 경쟁력 확보에 기여할 것으로 기대합니다.

차례

21세기 동북아 연결망 한중 해저터널의 기본구상

1장_한중 해저터널의 기본구상

1. 동북아 경제권의 부상
2. 한중 해저터널의 의의
3. 해외 해저터널 건설사례
4. 노선대안 및 기술검토
5. 여객 화물 수요예측
6. 경제적 파급효과 분석
7. 향후 추진전략

1. 동북아 경제권의 부상

1) 동북아 경제권의 위상

세계경제는 1995년 WTO 출범 이후 역내통합이 진전되었고 그 결과 아시아, 유럽, 아메리카 3대 경제권을 중심으로 지역경제권의 블록화가 진행되어 왔다. 그러나 통합경제체제의 불안정성과 국가 간 이해상충으로 인하여 이제는 다자간 협력을 위한 국가 간 자유무역협정(FTA)이 확산되고 있는 추세이다. 동북아 경제권의 통합과 국가 간 자유무역협정 체결 등으로 역내 국가의 경제력이 확대되면서 한국·중국·일본을 중심으로 한 동북아시아 지역은 유럽 및 북미와 함께 세계 3대 경제권의 하나로 부상하고 있다. 중국의 경제성장으로 동북아 정치질서는 미·일 주도에서 중·미·일·러가 각축하는 형태로 전개되고 있으며, 향후 정치·군사·경제적으로 중국의 역할이 더욱 커질 것으로 예상된다. 특히 북한으로 인한 동북아 정치군사적 질서의 불안정성은 중국의 역할을 더욱 확대시키고, 그에 따라 동북아의 새로운 정치질서가 출현할 것으로 예상되고 있다.

2007년 현재 세계주요 국가의 인구를 살펴보면 중국이 13.3억 명, 일본이 1.3억 명, 한국이 5천 명으로 동북아시아 지역의 인구 규모는 약 15억 명 수준으로 전 세계 인구의 25%를 차지하고 있는 것으로 파악되었다. GDP의 경우 한·중·일 3개국이 전 세계 GDP의 약 22%를 점유하여 동북아시아 경제권의 중요성이 더욱 부각되고 있다.

최근에 발간된 「리얼 아틀라스 리얼 월드(2009)」에서는 동북아시아 국가의 인구, 토지면적, GDP 규모 등을 잘 나타내고 있는데, 한국의 경우 나라면적은 작지만 국내총생산과 인구는 결코 작은 나라가 아님을 알 수 있다.

중국은 개혁개방 이후 연 9%의 급격한 성장을 달성하고 있는데 전통 제조업에 기반한 중국의 경제성장이 2005년 제10기 4차 전국인민대표대회에서

〈표 1-1〉 주요 국가의 인구 및 경제규모

인구 (2008년 기준)			국내총생산 (2007년 기준)			총수출 (2007년 기준)			총수입 (2007년 기준)		
순위	국가	천명	순위	국가	백만$	순위	국가	백만$	순위	국가	백만$
1	중국	1,330,045	1	미국	13,480,000	1	독일	1,334,000	1	미국	1,965,000
2	인도	1,147,996	2	중국	6,991,000	2	중국	1,217,000	2	독일	1,089,000
3	미국	303,825	3	일본	4,290,000	3	미국	1,149,000	3	중국	901,300
4	인도네시아	237,512	4	인도	2,989,000	4	일본	676,900	4	영국	616,800
5	브라질	191,909	5	독일	2,810,000	5	프랑스	548,000	5	프랑스	600,100
6	파키스탄	167,762	6	영국	2,137,000	6	이탈리아	501,400	6	일본	572,400
7	방글라데시	153,547	7	러시아	2,088,000	7	네덜란드	457,200	7	이탈리아	498,600
8	러시아	140,702	8	프랑스	2,047,000	8	싱가포르	450,600	8	네덜란드	404,700
9	나이지리아	138,283	9	브라질	1,836,000	9	영국	441,400	9	싱가폴	396,000
10	일본	127,288	10	이탈리아	1,786,000	10	캐나다	433,100	10	캐나다	386,900
11	멕시코	109,955	11	스페인	1,352,000	11	한국	371,500	11	스페인	373,600
12	필리핀	92,681	12	멕시코	1,346,000	12	러시아	345,900	12	홍콩	365,600
13	베트남	86,117	13	캐나다	1,266,000	13	홍콩	345,900	13	한국	356,800
14	독일	82,370	14	한국	1,201,000	14	벨기에	322,100	14	벨기에	322,900
15	이집트	81,714	15	터키	888,000	15	멕시코	271,900	15	멕시코	283,000
16	에티오피아	78,254	16	인도네시아	837,800	16	스페인	252,400	16	러시아	260,400
17	터키	71,893	17	호주	760,800	17	대만	246,700	17	인도	230,200
18	콩고민주 공화국	66,515	18	이란	753,000	18	사우디 아라비아	230,000	18	대만	219,300
19	이란	65,875	19	대만	695,400	19	스위스	202,800	19	스위스	184,900
20	태국	65,493	20	네덜란드	639,500	20	말레이시아	181,200	20	오스트리아	162,700
21	프랑스	62,100	21	폴란드	620,900	21	스웨덴	170,200	21	터키	162,100
22	영국	60,944	22	사우디 아라비아	564,600	22	오스트리아	164,900	22	폴란드	160,200
23	이탈리아	58,145	23	아르헨티나	564,600	23	브라질	160,600	23	호주	159,400
24	한국	49,233	24	태국	519,400	24	아랍 에미리트	156,600	24	스웨덴	150,600
25	미얀마	49,233	25	남아프리카 공화국	467,100	25	태국	151,000	25	말레이시아	145,700

자료: http://world.bymap.org/.

〈그림 1-1〉 세계 각국의 면적, 인구, GDP 규모 비교지도

〈육지면적〉

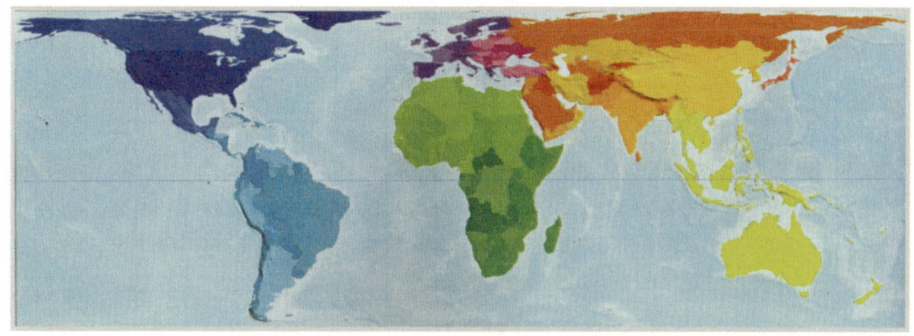

〈총인구〉

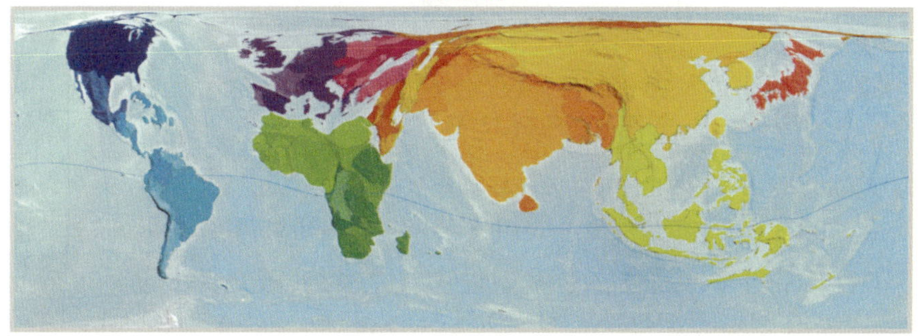

〈GDP〉

자료: Daniel Dorling 외 2인(2009), 리얼 아틀라스 리얼 월드.

제시된 바와 같이 기술주도형으로 전환됨에 따라, 일본 중심의 동북아 분업체계는 새로운 변화를 맞게 될 것으로 전망된다. 중국은 금융, 물류, 지식중심을 선점하기 위해 홍콩, 상하이, 선전, 양산 등 주요 항만물류기능을 확대

〈표 1-2〉 주요 국가의 GDP 예측 (단위: 십억 달러)

연도	브라질	러시아	인도	중국	미국	일본	독일	한국	세계
2000	707	406	498	1,113	9,817	4,746	1,875	459	25,762
2005	512	550	675	1,753	12,361	4,797	2,265	750	32,256
2010	739	876	1,042	3,109	14,025	4,985	2,490	1,015	38,461
2015	1,062	1,274	1,583	4,957	15,625	5,264	2,686	1,333	45,815
2020	1,500	1,791	2,354	7,357	17,347	5,657	2,842	1,684	54,793
2025	1,926	2,312	3,528	10,571	19,381	6,032	2,933	2,094	65,904
2030	2,513	3,017	5,431	14,704	22,016	6,296	3,037	2,503	80,159
2035	3,333	3,747	8,529	19,971	25,180	6,374	3,269	2,834	97,992
2040	4,389	4,441	13,237	26,690	28,775	6,543	3,543	3,229	120,720
2045	5,685	5,080	19,886	34,810	32,713	6,823	3,807	3,656	148,649
2050	7,270	5,732	28,936	44,074	37,161	7,230	4,057	4,176	182,710

자료: 골드만삭스(2004), Global Economics Paper No: 118.

하고, 금융허브 선점을 위해 상하이 푸동지구를 개발할 뿐만 아니라, 외국계 R&D센터 유치에 총력을 기울이고 있다. 일본 역시 동경권이 중심이 되어 물류기능을 강화하고 있는데, 향후 동북아 주요 대도시권은 금융, 물류, 지식의 중심을 선점하기 위한 경쟁과 협력관계가 강화될 것으로 전망되고 있다.

이와 같은 변화를 토대로 골드만삭스가 주요 국가의 경제를 전망한 결과에 따르면 2030년에 한국은 전 세계 GDP의 3.1%, 중국은 18.3%, 일본은 7.9%를 차지하여 동북아 3개국이 전 세계 GDP의 29.3%를 차지할 것으로 전망하고 있다. 2050년에는 전 세계 GDP중 한국이 차지하는 비율은 2.2%, 일본은 4.0%로 줄어드는 반면 중국은 24.1%로 증가하여 동북아 3개국이 전 세계에서 차지하는 비중은 30.4% 정도가 될 것으로 예측되고 있다.

2) 한중 간의 교류 확대

1992년 한중 수교 이후 한중 간 경제적인 교류협력은 채 20년도 되지 않은 짧은 기간 동안 급격한 증가세를 나타내고 있다. 1992~2006년 기간 동안

〈그림 1-2〉 한국의 대외교역 및 대중국 교역추이(2000년=100)

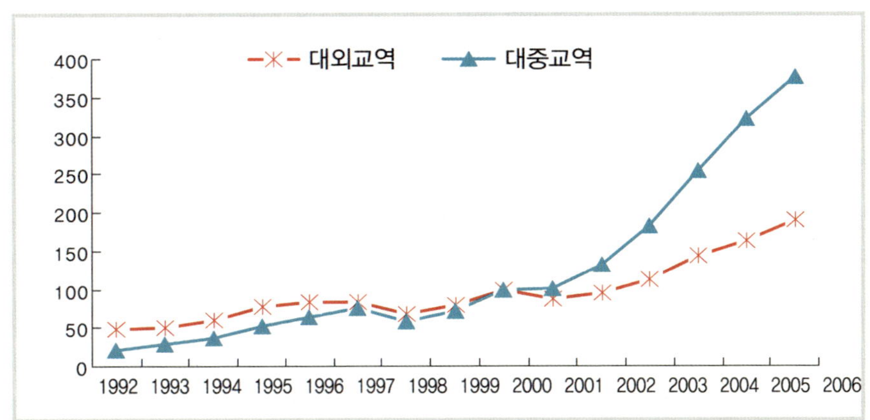

한국의 대외교역은 연평균 10.4%의 증가세를 나타낸 반면 한국의 대중국 교역은 연평균 23.2%의 증가세를 나타내어 한중교역의 증가세가 우리나라 대외교역 증가세 대비 무려 12.8%p가 높게 나타나고 있다. 한중간 교역의 이와 같은 급격한 증가세로 2006년 기준 한국의 대외교역 가운데 중국이 차지하는 비중은 수출 21.3%, 수입 15.7%, 대외교역 18.6%를 차지하여 중국은 한국의 최대 교역국 지위를 차지하고 있으며, 한국 또한 중국의 4대 수출국 및 2대 수입국 지위로 부상하였다.

한국의 대중국 투자 또한 1990년대 후반 한국금융위기를 기점으로 급격한 증가세를 나타내고 있는데, 특히 2001년을 기점으로 중국은 미국을 제치고 한국의 제1투자 대상국으로 부상하였다. 2006년 기준 한국의 대중국 투자규모를 살펴보면 투자건수는 2,300건, 투자금액은 33.4억 달러에 달하고 있다. 한중 간 경제교류에 있어 하나의 특징적인 것은 교역 및 한국의 대중국 투자 모두 2000년을 기점으로 급증하는 추세를 나타내고 있는데 이는 바로 2001년 중국의 WTO 가입으로 중국경제의 글로벌화 확대에 기인한 것으로 추정된다.

한중 간의 교역이 이와 같이 비약적인 발전을 하면서 문화, 관광 등 분야의 교류 또한 급격한 증가세를 나타내고 있다. 한중 수교 이후 한국인의 중국 방문은 연평균 36.2%의 증가세를 나타내면서 2006년 기준 연간 한국인의 중국 방문객이 300만 명을 넘어서고 있으며, 중국인의 한국 방문 또한 연평균

〈그림 1-3〉 한국의 대중국 투자현황(연간 기준)

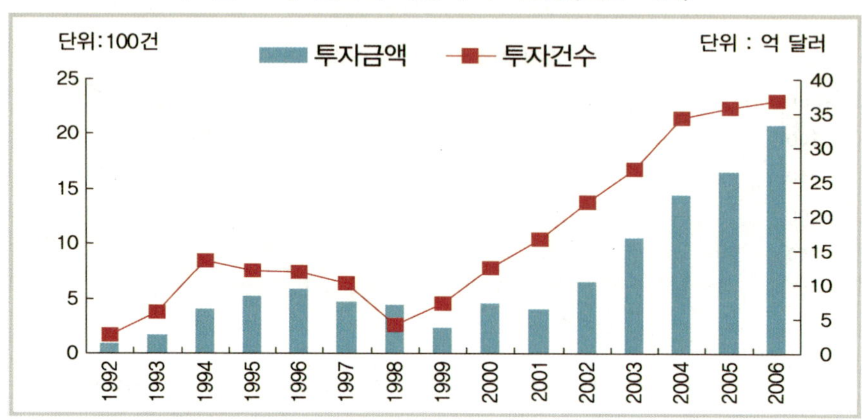

18.1%의 증가세를 나타내 연간 중국인의 한국 방문객이 100만 명을 넘어섰다.

한중 간 경제교류가 이와 같이 큰 폭의 성장세를 지속하고 있지만, 내용적인 측면에서 중국의 지속적인 고속성장과 함께 한중간 산업구조 동조화 현상이 심화되면서 다소의 변화 추이가 나타나고 있다. 즉 "made in China"의 브랜드 가치가 빠르게 향상되고, 국제경쟁력이 큰 폭의 신장세를 나타내면서 한중간 경제교류가 수직적인 분업관계에서 수평적인 분업관계로 빠르게 전환될 뿐만 아니라 점진적인 경쟁 관계로 확산되는 추세를 나타내고 있다.

한국의 대중국 수출입이 지속적으로 큰 폭의 증가세를 나타내고 있는 가운데 한중간 기술수준별 교역구조는 고급기술이 차지하는 비중이 큰 폭의 증가세를 나타내고 있는 반면, 중급이하의 기술이 차지하는 비중은 큰 폭의 감소세를 나타내고 있다. 이러한 변화는 결국 한중 간의 경제적 교역관계가 산업구조 동조화 현상의 심화에 따른 경쟁 격화와 함께 중국의 지속적인 고속성장에 기인한 중국시장 확대에 기초한 양국 간 수평적인 분업관계가 빠르게 확대될 것임을 시사한다.

최근 한중 양국 정부는 한중 간 교류협력을 한 차원 승화된 단계의 협력관계로의 발전을 모색하고 있다. 이명박 대통령과 후진타오 주석은 양국 간 관계를 '전략적 협력 동반자 관계'로 격상하는데 합의하였으며, 한중 간 FTA체결에 대한 논의 또한 가속화되고 있다. 한중 간 교류협력이 그 동안의

〈그림 1-4〉 동북아 지역의 통합운송망 개념도

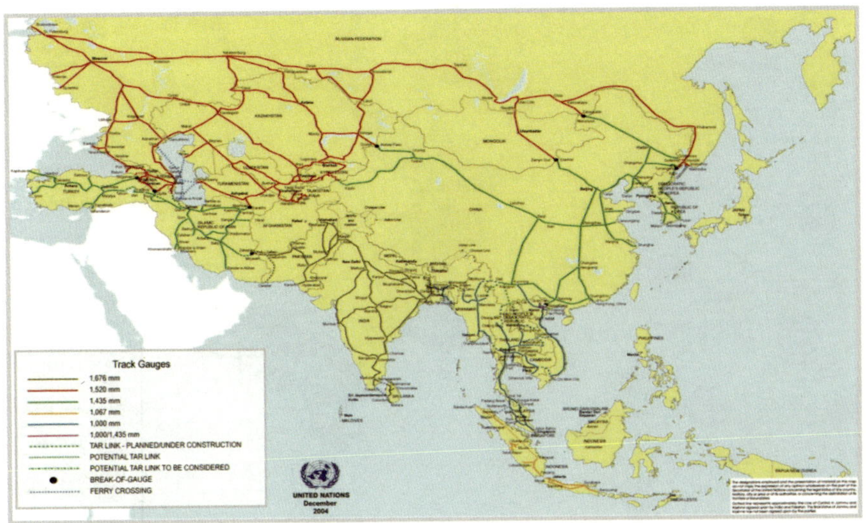

자료: The United Nations Economic and Social Commission for Asia and the Pacific (ESCAP).

양적인 성숙에서 한 차원 달라진 질적인 협력으로 승화되어 단순한 경제적 공동체 차원을 넘어 하나의 공동 생활권으로 발전하기 위해서는 양국 정부를 중심으로 한 제도적인 측면의 노력과 함께 다양한 측면의 SOC구축, 민간 차원의 협력 내용의 다양화 및 질적인 성숙 등의 노력이 필요하다.

2. 한중 해저터널의 의의

그동안 동북아지역의 통합운송망은 주로 한일 해저터널 건설을 통한 북한, 중국(TCR) 및 러시아(TSR)를 연결하는 철도운송 망 중심으로 논의되었으나, 북한의 불확실성 및 한중 간 주요 인구 밀집지역의 직결을 위해 한중 해저터널을 건설하여 한국에서 직접 중국으로 연결하는 방안에 대한 논의가 이루어지고 있다.

동북아 주요지역의 인구분포를 살펴보면 한국의 수도권이 2,400만 명, 일

〈그림 1-5〉 동북아 주요 지역의 인구분포

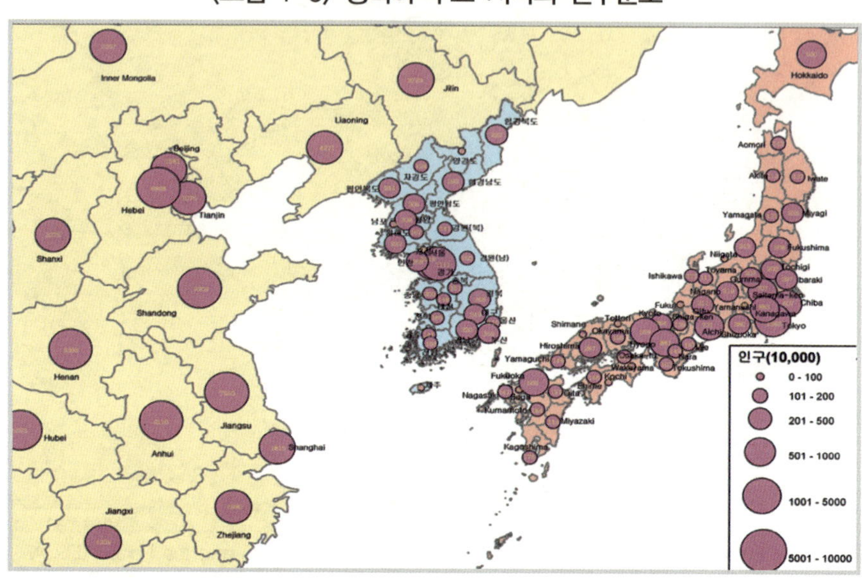

〈그림 1-6〉 한중 해저터널 개념도

본의 동경권이 3,400만 명 수준인데 비하여 중국의 산둥성이 8,300만 명, 베이징·톈진·허베이권이 9,550만 명, 장수·상하이가 9,360만 명으로 베이징~상하이 축에만 2억 7,210만 명의 인구가 밀집해 있다. 따라서 한국에서 직접 중국을 연결하는 방안은 여객 및 물류의 비용과 시간 절감, 한중 교류활성화 등 다양한 측면에서 긍정적으로 작용할 것으로 전망된다.

현재 동북아지역의 고속철도 운행 현황을 살펴보면 일본의 경우 동북신간센의 하치노헤역(八戶)구간 97km가 2002년 12월 연장 개통되어 도쿄~하까

〈그림 1-7〉 동북아 고속철도망 연결 기본구상

다를 연결하는 신간센이 운행 중이고, 2015년까지 신아오모리역~신하코다테역 구간 149km가 건설되면 도쿄~하코다테까지가 기존의 5시간 58분에서 3시 50분으로 2시간가량 줄어들어 운행될 것으로 예상되고 있다. 또한 중국의 경우도 베이징~상하이간 1,303km의 고속철도 노선 중 베이징~텐진 구간 117km는 2008년 8월에 개통되어 현재 시속 350km의 속도로 운영 중에 있으며 텐진~상하이 구간은 2013년 완공예정으로 추진 중에 있다.

해저터널은 기존의 육상, 해상 및 항공 교통수단의 한계성을 극복하기 위한 수단으로, 해저에 터널을 건설하여 자동차 또는 기차로 터널을 통과하여 대륙 간 또는 국가 간, 연육 간을 연결하는 교통시설이다. 장기적으로 한중 해저터널이 연결되고, 한일 해저터널 부산～하까다 구간이 연결되면 동북아 지역은 고속철도망으로 연결이 가능해진다. 지상구간 시속 400km, 터널구간(330km 기준) 시속 200km로 고속철도 운행 시 서울↔웨이하이 구간이 434km로 1시간 57분, 서울↔베이징이 1,366km로 4시간 26분, 서울↔상하이가 1,800km로 5시간 31분이 소요되어 비행기를 이용할 때 소요되는 시간(공항까지의 접근시간 및 대기시간, 비행시간)과 비용을 고려할 때 경쟁력을 가질 수 있을 것으로 판단된다.

3. 해외 해저터널 건설사례

1) 운영 중인 해저터널

(1) 유로터널

유럽통합의 차원에서 범 유럽 교통 네트워크 형성을 위해 추진된 유로터널은 영국의 Folkestone과 프랑스의 Calais를 연결하는 터널로서 1988년 본격적인 터널공사에 착수하여 1994년 5월 6일 개통되었다. 소요재원은 약 1,030억 프랑(약 16조원)으로 순수한 민간재원(주식공모+은행융자)만을 활용하여 건설되었으며, 착공시점부터 65년 뒤인 2052년에 양국 정부에게 소유권을 넘겨주게 된다. 총연장은 50.45km로서 이 중 38km가 도버해협을 통과하는 해저터널이고 나머지는 육지의 터미널에 연결하기 위한 지하터널이다. 유로터널은 바다 밑 25~75m 깊이에 건설되었으며 평균적인 깊이는 45m인데, 하나의 단일터널이 아닌 3개의 터널로 구성되어 있다. 이 중 2개는 직경 7.6m의 철도전용 단선터널이며, 그 중간에 철도전용터널의 유지보수와 터널내 고장 및 사고 시 승객의 비상탈출을 위한 직경 4.8m의 서비스터널로 구성되어 있다. 주터널과 서비스터널 사이에는 375m 간격으로 연결통로가 설치되어 있다.

영국과 프랑스 간 해저터널 건설계획은 약 200여 년 전부터 구상되었는데, 도버해협 바다 밑의 지반조사만도 100년이 넘도록 수행되었으며 30년간 100개 이상의 시추공에 의한 지반조사를 통해 이루어졌다. 유로터널에는 자동차, 버스, 트럭 등을 운반하는 차량수송전용 열차인 르셔틀(Le Shuttle)과 여객용 고속열차인 유로스타(Eurostar)가 운행되고 있다. 유로스타의 육상구간 운행속도는 300km/h 이며, 해저터널구간 운행속도는 160km/h 수준이다. 이용객은 2003년 630만 명에서 2007년에는 830만 명으로 연평균 8%이상의 증가율을 나타내었다.

〈그림 1-8〉 유로터널 개념도

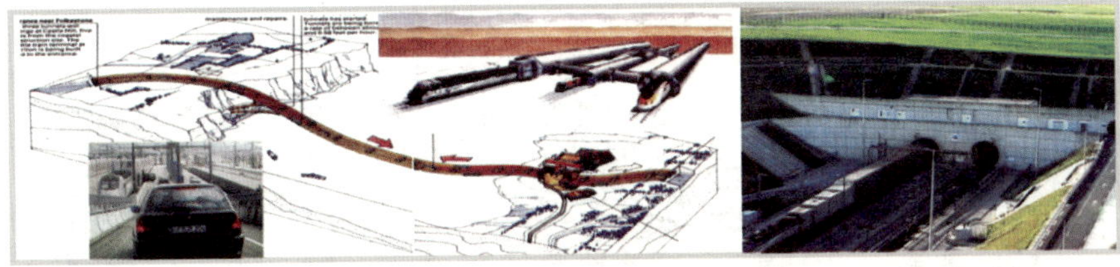

〈그림 1-9〉 유로터널의 구조

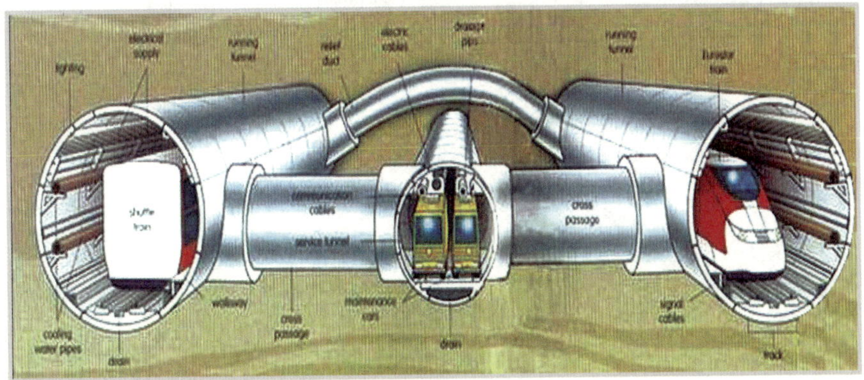

자료: Sandy Donovan(2003), The Channel Tunnel.

유로터널은 유럽통합의 상징으로 인식되어 왔고 유럽 국가들 간의 응집력을 높이는 주요한 프로젝트로 평가받고 있다. 유럽의 공간적 통합을 이룩함으로써 실질적인 경제통합을 가속화시키는 중요한 계기를 마련하였다. 전통적인 영국과 프랑스 양국 간의 대립적 경쟁관계를 협조적 경쟁관계로 전환시키는 주요한 계기가 되었다. 해저터널 건설과정에서 정부 간 협의체를 조직하여 수년간 상호협력체제를 쌓아 왔으며, 건설 후 터널 관리를 위해 긴밀히 협력하는 등 국가 간 이해와 신뢰를 쌓는 계기를 마련하였다. 영국 및 프랑스의 대외 교역패턴에도 영향을 미쳐 도버해협을 통과하는 상품의 운송비 및 운송시간을 크게 줄였다. 또한 해저터널이 입지한 영국의 켄트(Kent) 지역과 프랑스의 깔레(Calais) 지역의 경우 르 셔틀 터미널이 건설되어 고용증대, 관광확대, 지역기반시설의 확충 및 정비, 지역경제 활성화 등의 지역개발 효과를 유발하였다.

〈그림 1-10〉 일본 세이칸 해저터널

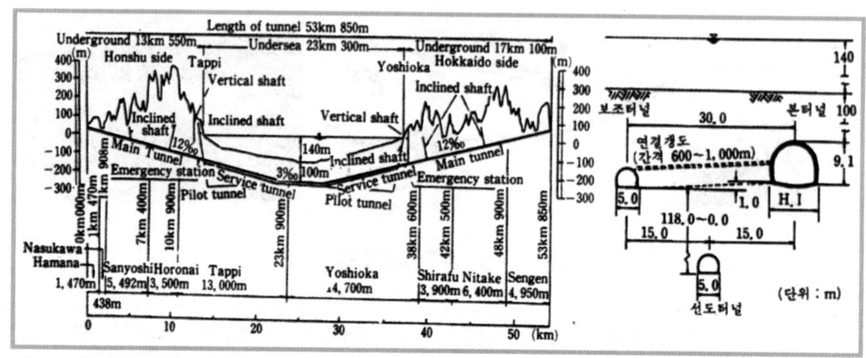

자료: 김동현, 김도형, 오세준(2007), 하·해저터널 설계방안 및 한강하저 쉴드 TBM사례, 제7회 터널 시공기술 향상 대토론회, 대한토목학회.

(2) 일본 세이칸 해저터널

일본은 1930년대에 세계 최초로 간몬 해저터널을 완성한 이후, 세이칸 해저터널(연장 23.3km), 동경만 해저터널(연장 15.1km, 해저터널 9.5km, 교량 5.6km) 등의 건설을 통하여 해저지반 조사, 설계, 시공 및 유지관리 등에 관한 핵심기술을 오래 전부터 축적해 오고 있다. 세이칸 터널은 일본혼슈의 아오모리현과 홋카이도를 연결하는 터널로서 1964년 3월 착공하여 1988년 3월에 개통되었다. 1954년 태풍으로 인해 쓰가루 해협에서 선박 5척과 1,430명의 인명피해 후, 1964년에 본격적으로 추진하였다. 쓰가루 해협은 수심이 깊고, 해류가 빨라 교각건설이 불가능하여 해저터널을 건설하게 되었다. 총연장은 53.9km이며 실제 해저구간 통과길이는 23.3km이다.

사업주체는 일본철도건설공단으로 국가가 건설하였으며, 운영은 일본국철(JR)에서 담당하였다. 공사비는 6,890억 엔이 소요되었다. 지진에 대비하여 철저하게 시공함으로써 건물이나 다리보다 안전성이 높으며, 지진 발생 시 터널 주변의 암석과 흙이 충격을 흡수하도록 설계되어 있다.

〈그림 1-11〉 덴마크-스웨덴 외레순 다리

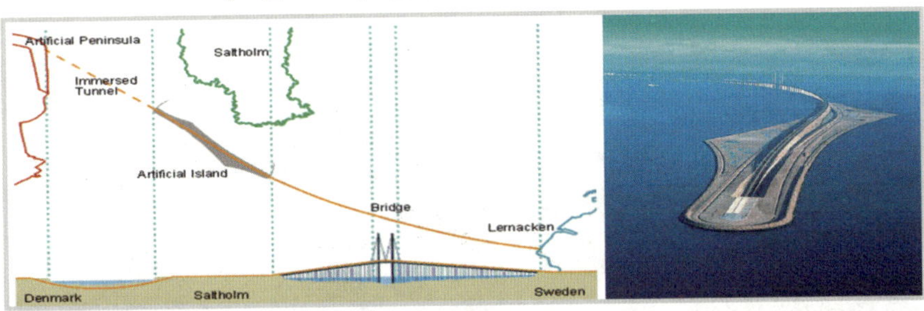

자료: Øresundsbron(2008), Welcome to the Øresund Bridge.

(3) 덴마크-스웨덴 외레순 다리

덴마크의 코펜하겐과 스웨덴의 말뫼 간에는 2000년에 외레순 해협을 연결하는 외레순 다리가 건설되어 스웨덴은 덴마크를 통해 유럽 대륙과 육상으로 연결이 가능하게 되었다. 외레순 다리는 교량, 인공섬, 터널로 구성되어 있는데, 교량은 2층 구조로 1층은 복선 철도, 2층은 4차로의 자동차도로로 구성되어 있다. 터널은 폭 38.8m, 높이 8.6m로서 2개의 도로용 터널과 2개의 철도용 터널로 구성되어 있으며 도로용 터널의 중앙에는 1개의 서비스 터널이 있으며 비상시에는 비상탈출로로 이용 가능하다.

외레순 다리의 제원을 살펴보면 총길이는 15.4km인데 해저터널(동부) 구간이 3.5km, 인공섬이 4.1km, 복층구조로 이루어진 교량(서부) 구간이 7.8km의 4차선 도로와 복선 전철이 이루어져 있다. 요금소는 스웨덴의 레르나켄(Lernacken)에 설치되어 있으며, 11차로로 운영 중에 있다. 통과시간은 교량과 터널이 각각 110km/h, 90km/h를 기준으로 약 9분이 소요된다.

외레순 다리는 덴마크와 스웨덴이 공동으로 소유하고 있는 Øresund Konsortiet가 소유하고 운영한다. 건설비용 외레순 다리의 총 건설비용은 2000년 기준으로 30억 덴마크 크로네(DKK)로 약 4조 8천억 원이 소요되었으며, 그중 65%인 3조 1천억 원이 외레순 다리의 공사비이며, 나머지 34.8%인 1조 7천억 원은 관련된 육상시설의 공사비로 구성되어 있다.

외레순 해협을 연결하는 구상은 1900년대 전반부터 시작되었으나, 재원 및

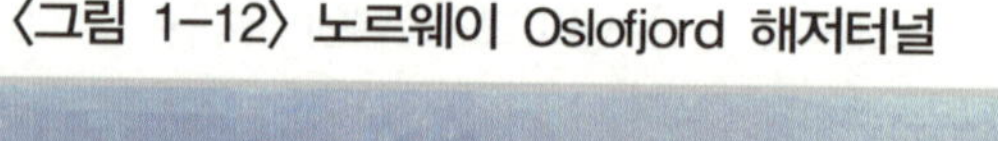
〈그림 1-12〉 노르웨이 Oslofjord 해저터널

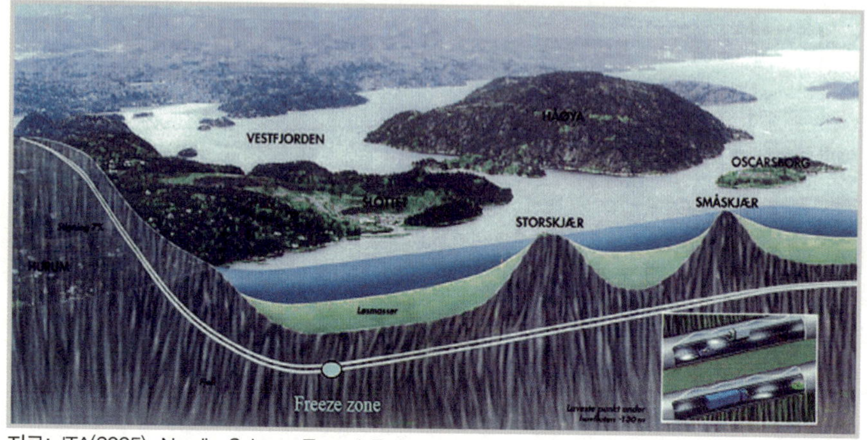

자료: ITA(2005), Nordic Subsea Tunnel Projects.

정치적 의지의 부족으로 추진되지 못하였다. 1900년대 후반부터 북유럽국가의 스칸디나비아반도와 유럽대륙의 연결의 필요성이 증대되어 1991년 3월 23일 덴마크와 스웨덴 정부가 외레순 해협의 연결에 합의하게 되었다. 이후 1999년 3월에 터널이 완공되었으며, 8월에는 교량이 완공되어 2000년 7월 1일에 외레순 다리가 공식 개통되었다.

(4) 노르웨이 터널

국제적으로 터널 건설기술의 선진국이라고 할 수 있는 노르웨이는 1981년 Vardo에 최초의 해저터널이 건설된 이래로 지난 20여 년 간 약 30여개 해저터널을 건설하였는데, 이는 전 세계 해저터널의 절반이상을 차지하는 수치이다. 운용중인 해저터널은 34개소 130km이며, 해저 도로터널은 23개소 95km에 달하였다. 해저터널 중 가장 깊은 터널은 해저 287m에 위치한 Eiksund 터널이며, 가장 긴 해저터널은 Bomlafjord 터널로서 총연장이 7.9km이며 해저 263m에 위치하고 있다. 현재 연장이 24.2km인 Rogfast 터널과 13.5km인 Ryfast 터널 프로젝트도 진행 중이다. 노르웨이에서는 총 합계 연장이 약 100km에 달하는 도로터널을 시공 중이거나 계획 중에 있는데, 노르웨이 교통부에서는 1998년 해수면 아래 25m 깊이, 1.4km 연장의 '부유식 해저터널'에 대한 건설 계획을 제안하고 이의 가능성을 검토 중에 있다.

2) 계획 중인 해저터널

(1) 중국의 해저터널

중국이 자체적으로 설계한 최초 해저터널은 Xiamen East 해저 도로터널로서 2005년 5월 건설이 시작되어 2010년에 완공될 예정이다. 이 터널은 아모이섬 서쪽의 산악로와 접하며 동쪽 5개 선착장에서부터 내륙의 샹안구까지 연결되고 또한 샹안터널과 접해 있다. 터널의 길이는 8.7km이며, 이중 바다를 건너는 해저구간은 약 6.05km로 최대 수심은 약 70m, 설계속도는 80km/시의 편도 3차로의 도로터널이다. 차량주행을 위한 본선 터널간의 이격거리는 약 52m이며, 본선 터널과 서비스 터널과의 이격거리는 약 22m로 설계되어 있다. 총 건설비용은 약 32.5억 위안으로 예상된다.(박의섭·신희순·홍은수, 2007)

(2) 지브롤터 해저터널

유럽 대륙과 아프리카 대륙을 연결하는 지브롤터 해저터널의 건설을 위하여 1980년 10월 스페인과 모로코 간에 협정이 체결되었다. 1989년 타당성 조사를 위한 추가협정이 있었으며, 1990~1996년 4차례 국제회의를 개최, 타당성 및 개발방향을 논의하였다. 1990년 예비타당성 조사가 완료되었고 1996년 1단계 조사가 완료되어 기본 노선대안이 결정되었으며, 1997년부터 2단계 타당성 조사가 이루어졌다. 터널의 길이는 스페인 카날레스~모로코 시레스 간 42.7km(해저터널구간 27.7km)로 최대수심은 320m, 해저면에서 100m 하부에 터널이 위치한다. 셔틀열차를 이용하여 승객과 화물, 차량을 수송하며, 최고 속도는 120km/h이다. 공사는 2단계로 시행되며 1단계는 2045년까지 수요를 처리할 1개의 터널을 건설한 이후 추후 교통량에 따라 두 번째 터널의

〈그림 1-13〉 한일 해저터널 노선대안별 지형검토

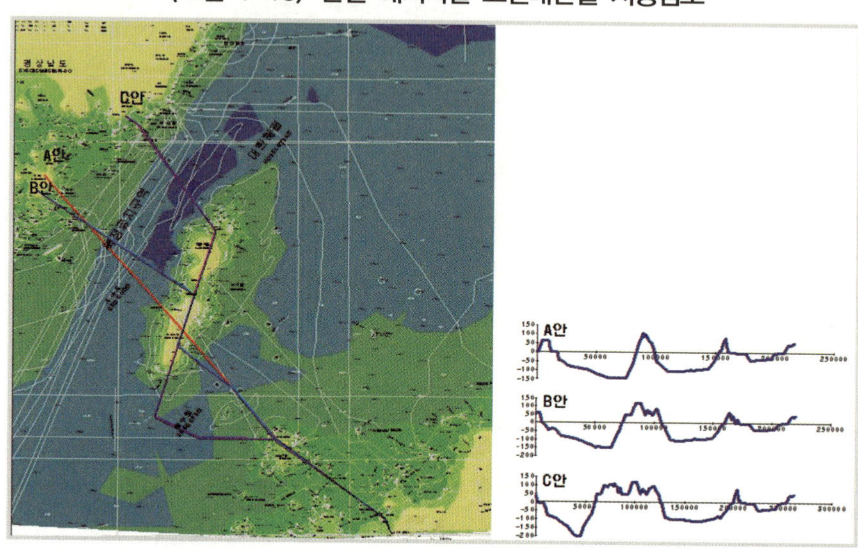

건설시기를 결정하였다. 보조터널 굴착까지는 스페인과 모로코 정부가 담당하고 본 터널 굴착부터 민간에 이양하는데 양국 정부 보증아래 국제금융기관으로부터 차입하는 방식을 이용할 예정이다.

(3) 한일 해저터널

한일 해저터널은 일본 규슈지방~이키섬~대마도~거제도의 235km를 연결하는 계획으로서 1980년대 이후 구상되어 오고 있다. 일본 측 사업단에서는 한일 간 경계지역까지 해저지질 조사를 완료한 상태이며, 탐사용 터널이 해저 400m까지 굴착된 상태이다. 현재는 터널 입구만 뚫린 채 20여 년째 답보 상태이며 우리나라의 경우 거제도와 가덕도에서 해저터널 공사에 적합한 지질인지 여부에 대해 조사하였으며, 해저터널 건설이 가능하다는 결론을 내리고 있으나 별다른 진전이 없다. 최근에 한중 해저터널에 대한 검토가 이루어짐에 따라 한일 해저터널의 필요성에 대해서도 세미나 개최 등의 활동이 전개되고 있다.

〈그림 1-14〉 국외 해저터널 건설현황

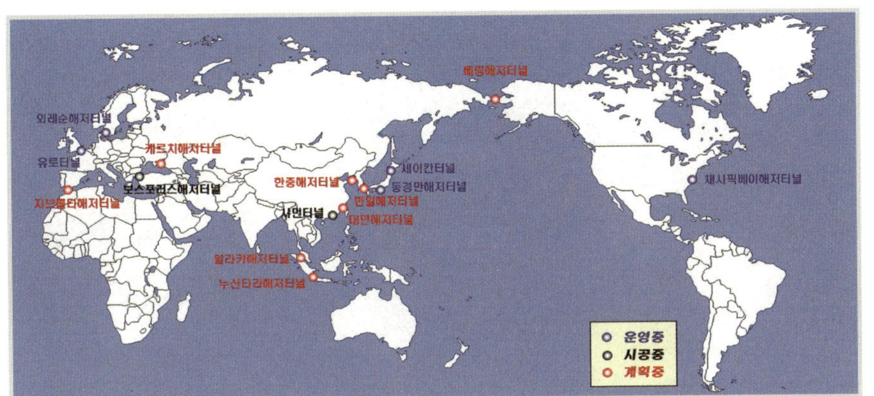

(4) 베링해협 해저터널

최근 미국과 러시아는 시베리아의 석유와 천연가스를 파이프라인으로 공급하는 프로젝트의 일환으로 러시아와 알래스카를 연결하는 약 102km의 베링해협 해저터널 계획이 논의되고 있다. 베링해협 해저터널 구상은 1905년 제정 러시아마지막 황제인 니콜라스 2세에 의해 처음 구상되었으나, 1차 세계대전의 발발로 계획이 중단되었다. 러시아는 시베리아의 전력, 천연가스, 석유를 미국에 제공하기 위한 650억 달러 프로젝트의 일부분으로서 베링해협에 파이프라인 연결과 운송을 위한 세계 최장 해저터널을 건설할 계획이다. 계획에 의하면 미국과 시베리아를 가로지르는 6,000km의 수송로는 해저터널 부분만 104km로 영불해협의 채널터널보다 2배 이상 긴 해저터널이 될 것이다. 미국, 캐나다와 협력하는 이 프로젝트는 완공까지 10~15년 걸릴 것으로 예상되며, 국가기관과 민간 기업이 협력한 TKM-World Link가 건설하고 관리할 것이다. 베링해협터널에 100억 달러에서 120억 달러가 건설비용으로 소요될 것이고, 그 외 투자는 전체 수송로에 쓰여 질 것이다. 계획된 해저터널은 전력과 광섬유 케이블뿐만 아니라 고속철도, 고속도로, 파이프라인까지 포함할 예정이다.

〈그림 1-15〉 한중 해저터널 노선대안

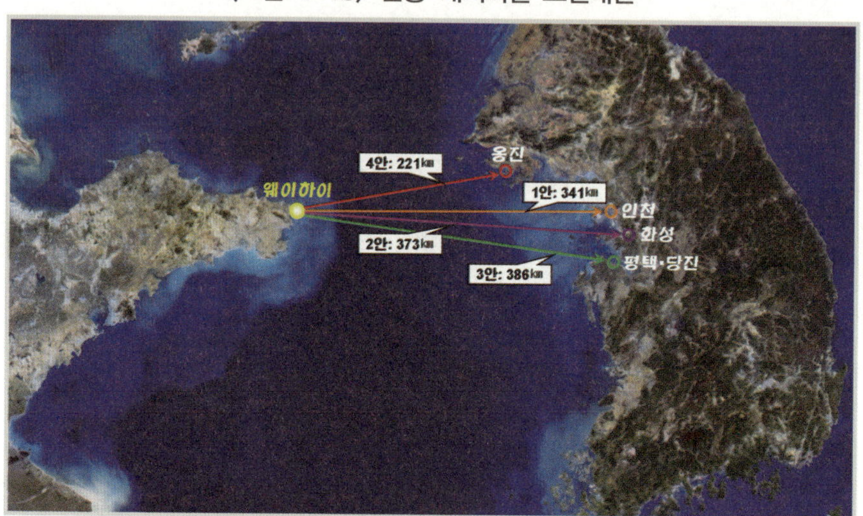

4. 노선대안 및 기술검토

1) 한중 해저터널 노선대안

한국과 중국을 직접 연결하는 방안으로는 가장 거리가 짧은 산둥성 웨이하이시(威海市)에 있는 룽청시(榮成市)를 연결지점으로 가정하여 4개 대안이 검토 가능하다.

1안(인천~웨이하이)의 경우 노선연장이 341km로 영종도에서 중국으로 연결되어 항공, 철도를 동시에 연계시킬 수 있는 대안이다. 인천공항철도를 이용할 경우는 내륙 인입선로의 추가건설은 필요 없으나, 인천공항철도 구간 및 서울시 구간에서 고속철도의 운행속도가 줄어드는 문제가 있다. 이와 같은 문제를 해결하기 위해서 영종도에서 광명역을 직결하는 고속철도 노선을 신설하게 되면 전국에서 인천국제공항의 접근성을 증가시킬 수 있으며,

〈표 1-3〉 한중 해저터널 노선대안

구분	1안	2안	3안	4안
경로	인천~웨이하이	화성~웨이하이	평택·당진~웨이하이	옹진~웨이하이
총길이	341km	373km	386km	221km
최대수심	72m	72m	72m	72m
육상통과거리	9km	42.46km	37.92km	13.8km
해상통과거리	332km	330.54km	348.08km	207.2km
환기구 인공섬 개소	5개	5개	5개	4개
정거장 인공섬 개소	1개	1개	1개	

향후 광명역에서 수도권 광역 급행철도와의 환승을 통해 서울로의 접근도 고속으로 이루어질 수 있을 것이다.

2안(화성~웨이하이)의 경우 노선연장이 373km로 인구와 경제 비중을 고려할 때 한국 전체의 접근성 측면에서 양호하며, 경부고속철도 혹은 호남고속철도 강남선(수서~평택)과 연결 운영하게 되면 인입선 공사비를 절감할 수 있는 대안이다. 또한 화성 유니버셜 스튜디오 등 관광지가 개발되면 중국 주요지역과 세계적인 테마파크의 직결이 가능하다.

3안(평택·당진~웨이하이)의 경우 노선연장이 386km로 타 노선에 비해서는 약간 길지만, 서해안 개발과 함께 추진된다면 접근성, 발전성 측면에서 바람직하다고 볼 수 있다. 그러나 서울에서의 우회거리가 늘어나며, 기존 경부고속철도와의 연결을 위해 60km 정도의 철도 신설이 필요하다.

4안(옹진~웨이하이)의 경우 해상통과 구간이 207km로 가장 짧아 공사비가 저렴할 것으로 판단되나, 북한과 중국을 연결하는 대안을 추진하기 위해서는 남북한 간 통일에 준하는 관계개선이 이루어져야 하기 때문에 불확실한 측면이 있으며, 부산 등 남부지역에서 이용 시 통행거리가 길어지는 단점이 있다. 또한 기존의 경부고속철도와의 연결을 위해서 90km정도 철도신설이 필요하다.

한중 해저터널 노선도

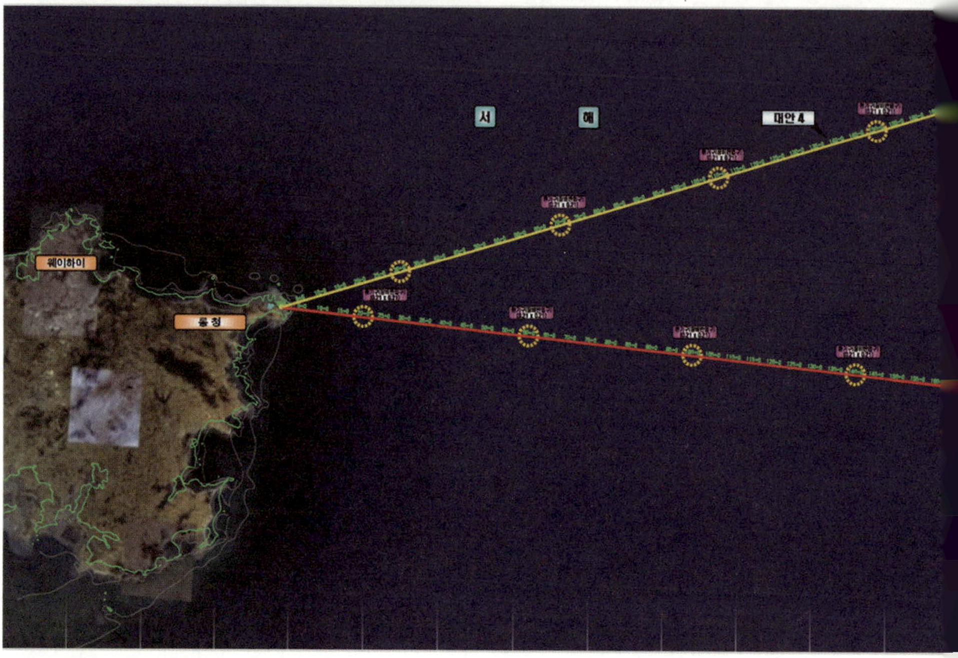

종단면도

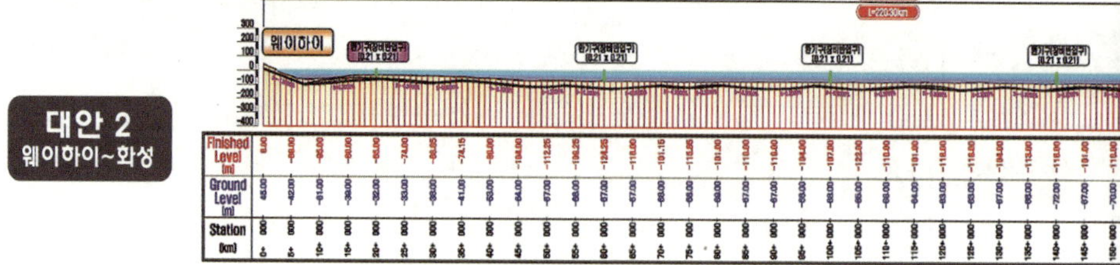

해주
옹진
개성
파주
강화도
김포
SEOUL
서울역
INCHEON
인천공항(ICN)
수서
광명역
시흥
안산
안산공단
대안 1
대안 2
대안 3
덕적도
영흥도
대부도
HWASEONG
PYEONGTAEK PORT
PYEONGTAEK
DANGJIN
경 기 도
충 청 남 도
아산
천안

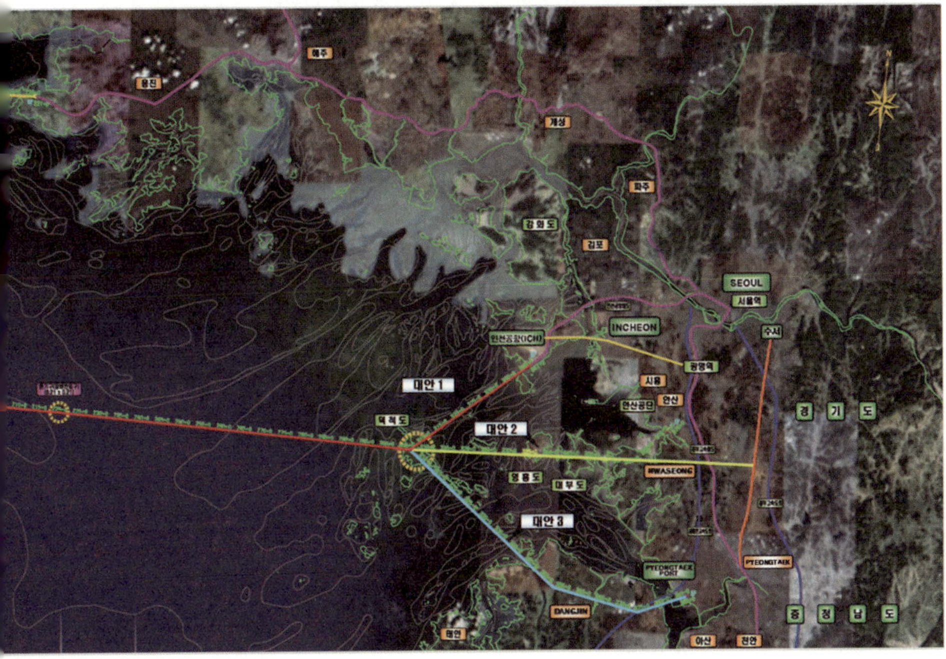

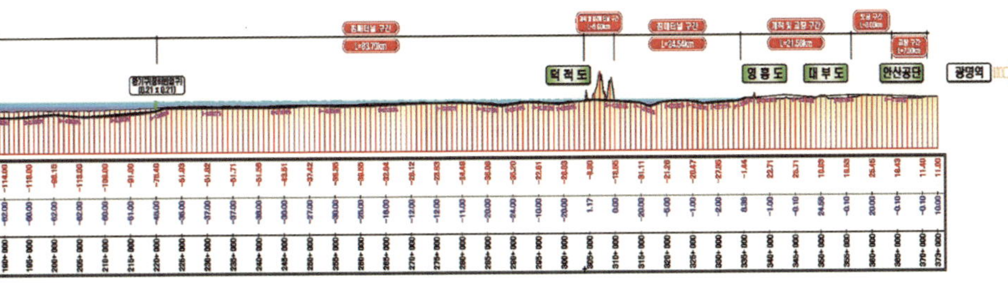

덕적도
영흥도
대부도
안산공단
광명역

〈그림 1-16〉 한중 해저터널 대안노선(2안)의 해저지형도

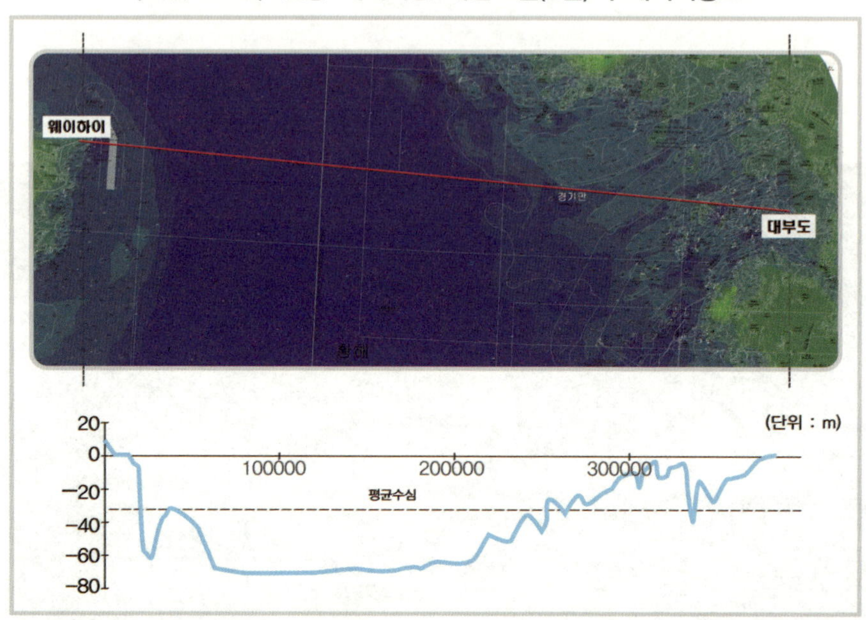

2) 한중 해저터널 지형 및 지질

(1) 한중 해저터널 지형검토

노선을 결정하는 가장 중요한 요소는 해당 지역의 지질이다. 수심이 깊으면 수압이 높아지기 때문에 수심이 얕을수록 터널 굴착에는 유리하다. 한중 해저터널이 지나가게 될 황해의 해저지질환경에 있어서 제일 깊은 곳의 수심이 80m 수준이며 현재의 기술로는 터널굴착에도 별 무리가 없는 것으로 파악된다. 2안(화성~웨이하이)의 해저지형은 최대수심 76m로 양호한 지형이다. 한일 해저터널의 최대수심은 150~220m이며, 영국과 프랑스 사이에 개통된 해저터널인 유로터널의 경우 터널 상부의 최대수심이 55m이고, 평균 수심이 40m이다.

〈그림 1-17〉 한중 해저터널 대안노선(2안)의 입체 해저지형

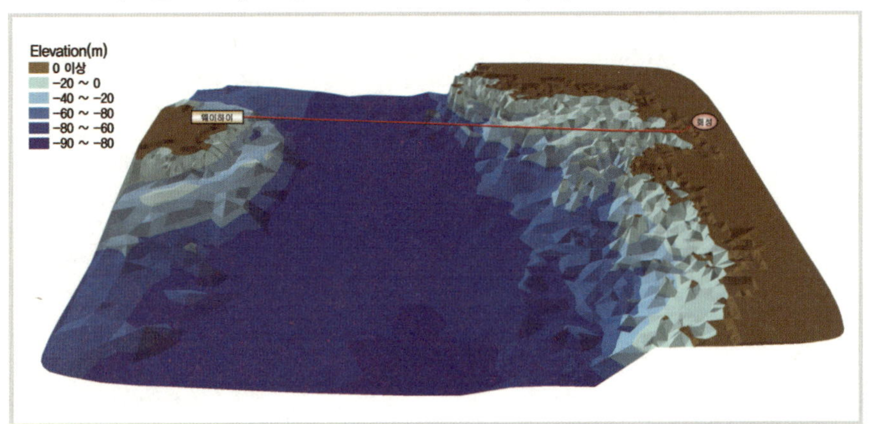

(2) 한중 해저터널 노선구간의 지질검토

일반적인 터널 시공기준에서 볼 때 황해의 지반조건은 시공에 적합하다. 황해주변 지반은 주로 퇴적암과 화성암으로 이루어져 있는데 강도가 단단하고 균열이 발달하지 않아 터널굴착에 유리한 조건이다. 한반도와 중국 대륙을 육지를 통과하지 않고 연결할 경우 황해도 장산곶에서 산둥반도 서쪽 끝자락까지가 가장 단거리이다. 그러나 현 시점에서는 황해도는 북한지역으로 한국에서는 덕적도와 웨이하이를 잇는 선이 최단거리이다. 황해의 경우 한반도에서 서쪽의 중국 대륙으로 가면서 점점 깊어지다가 중국 대륙에서는 다시 얕아진다. 황해도 장산곶과 중국의 산둥반도의 지질은 분포암상에서 차이가 있다. 인천 앞바다의 섬들은 선캄브리아기의 편마암류와, 주라기에 관입한 화강암류 및 중생대 대동계 및 경상계의 퇴적암들로 구성된다. 반면 황해를 건너 중국대륙의 산둥반도는 중생대 화강암류, 선캄브리아기의 편마암류 및 중생대 백악기의 퇴적암류로 구성되어 있다. 서해안은 동해에 비해 해저의 수심이 연안에서 멀리까지 평탄하게 발달하여 있는데 인천 앞바다의 섬들과 산둥반도는 암종 분포가 화강암류, 편마암류 및 퇴적암류 등으로 터널굴착을 위한 기반암으로서의 큰 문제는 없을 것으로 전문가들이 판단하고

〈그림 1-18〉 황해도 옹진반도와 인천 부근의 지질도

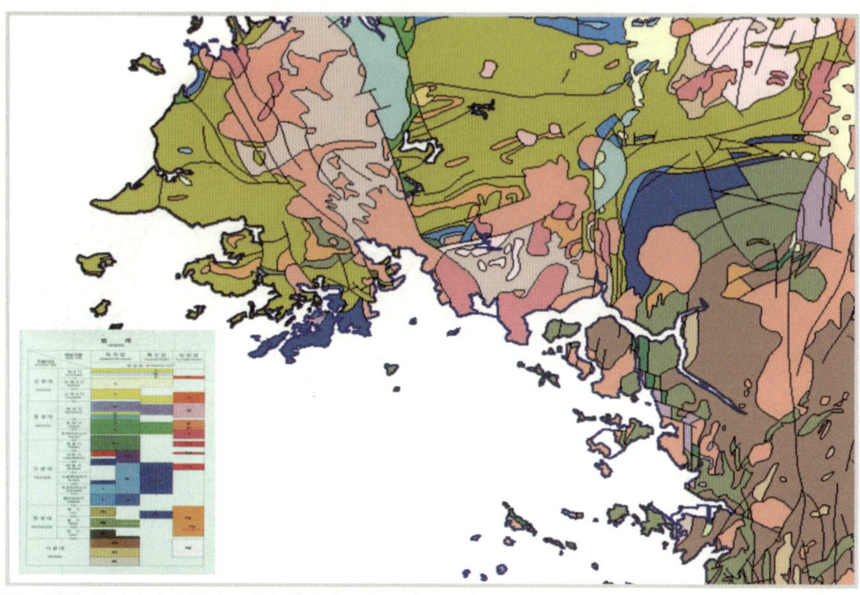

주: 인천 앞바다의 섬들은 편마암(밤색), 화강암(연두색) 및 중생대 퇴적암(녹색)을 나타냄.

있다. 그러나 황해 상에 추정되는 단층선들은 터널굴착에서 있어서 장애요인으로 작용할 수 있기 때문에 사전에 단층과 같은 구조들에 대한 정밀 조사가 필요하다.

3) 해저터널의 공사기법

해저터널 시공의 경우 해저구간 지반조사의 한계성으로 인하여 불확실성이 증대하는데, 고수압하에서의 시공 중 안정성 확보방안이 필요하다. 해저터널의 공법에는 쉴드TBM공법(Shield Tunnel Boring Machine), 침매터널공법, NATM(New Austrian Tunnelling Method)터널공법 등이 있다.

〈그림 1-19〉 쉴드TBM 단면도

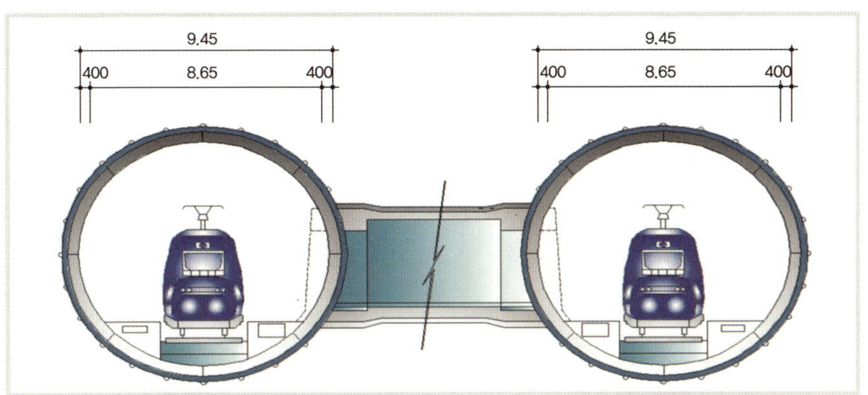

〈그림 1-20〉 쉴드TBM(Tunnel Boring Machine)에 의한 터널굴착 방법

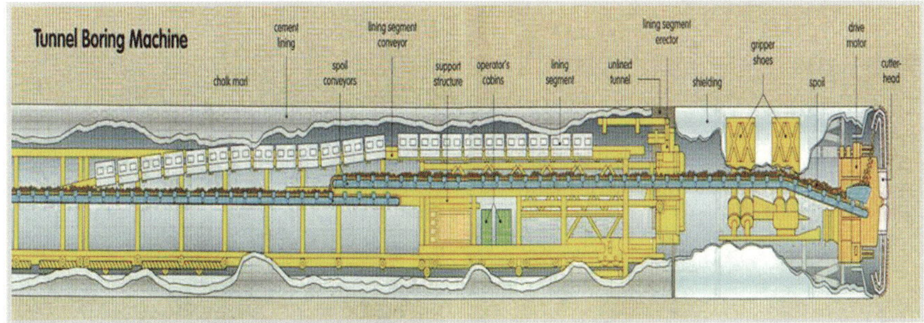

자료: Sandy Donovan(2003), The Channel Tunnel.

(1) 쉴드TBM 공법

쉴드TBM 공법은 전단면 기계화 시공법이라고 하는데 터널외형단면보다 약간 큰 단면을 가진 쉴드라는 튼튼한 강재의 통(skin plate) 또는 테를 지반중에 밀어넣고 진행시켜 그 선단부 지반의 붕괴를 막으며 굴착하고 쉴드 후방부에 굴착단면을 지보하는 라이닝을 설치하는데 이러한 작업을 반복하면서 터널을 뚫고 나아가는 굴착공법이다. 쉴드TBM 공법은 동경만 해저도로터널, 스웨덴 해저철도 터널건설에서 사용하였다. 최근에는 연약한 지반뿐만 아니라 경암에서도 굴착할 수 있는 쉴드TBM을 사용하고 있는 추세이다.

〈그림 1-21〉 침매터널 단면도

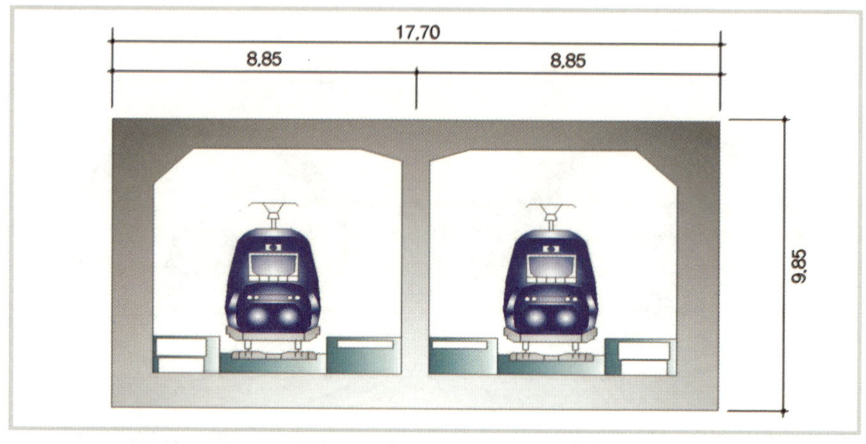

〈그림 1-22〉 침매터널 이동방식

(2) 침매터널 공법

미리 해저에 트렌치(trench)를 굴착해 놓고 육상 등의 다른 장소에서 적당한 길이로 분할하여 만든 터널구조체(침매함)를 물에 띄워 현지까지 끌고 가서 트렌치에 가라 앉혀 이들 침매함을 연결시킨 후 다시 묻어서 터널을 완성시키는 공법이다. 현재 국내에서는 부산 거가대교 현장에서 세계 최대규모의 침매 터널을 시공 중에 있다.

〈그림 1-23〉 NATM터널

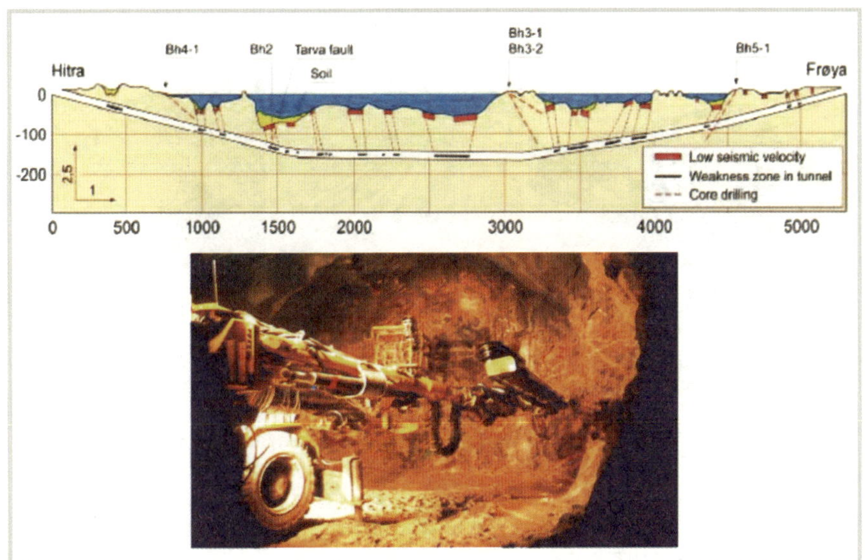

주: ITA(2005), Nordic Subsea Tunnel Projects.

(3) NATM 공법

천공과 발파를 반복하여 지반을 굴착하는 공법으로 록볼트와 숏크리트를 중요 지보부재로 하여 암반의 강도약화를 최대한 억제하며, 암반이 원래 가지고 있는 지지력을 적극적으로 활용하면서 현장계측 및 관리를 바탕으로 터널을 굴진하는 공법이다. NATM 공법은 노르웨이의 해저터널 건설시 널리 사용되고 있는 공법으로 깊은 바다에서 유리하다.

(4) 해저터널 공법선정 시 고려사항

터널을 굴착하는 방법은 그동안 상당한 수준으로 기술이 발전 되어 왔기 때문에 수심이 깊은 지역에서의 터널굴착에서는 바닷물로 인하여 가해지는 커다란 수압을 어떻게 대응할 것인가 등의 기술상의 몇 가지 문제들이 있지만 현재의 기술발전 속도로 본다면 해저터널 건설은 충분히 가능하다고 판

〈표 1-4〉 해저터널 공법 비교

구분	쉴드TBM	침매터널	NATM
개요도			
장점	· 기계굴착으로 안정성 우수	· 굴착공정 없어 안정성 우수 · 대단면 터널 적용가능	· 지층변화에 대한 대응성 우수
단점	· 시공 중 지층변화 대응 곤란 · 원형단면하부 사공간 발생	· 준설공사로 인한 환경문제 · 연약지반 존재시 보강비 증대	· 안정성 위한 보조공법 적용 요구되나 상대적 신뢰성 저하
경제성	· 장비고가/ 부대설비 필요	· 공사비 고가(제작장, 해상운반)	· 공사비 저렴
사례	· 유로터널, 아쿠아라인 · 분당선 한강하저, 수영강하저	· 외레순해협, 하네다터널 · 부산~거제간 연결도로	· 일본 세이칸터널 · 지하철5호선 한강하저터널

자료: 김동현, 김도형, 오세준(2007).

단된다. 해저터널 공법을 선정할 때 고려해야 할 사항으로는 해저 수심과 터널깊이, 선박운항 및 수로폭, 유속 등 수리 조건, 지반조건, 지보재의 조인트 및 수밀성, 시공성, 공사기간, 경제성, 환경영향 등이 있다. 한중 해저터널의 경우는 이와 같은 내용을 토대로 교량방식, 침매방식, 굴착방식이 복합적으로 구성된 해저터널의 건설이 가능하다.

4) 한중 해저터널의 구조 대안

한중 해저터널은 자동차 이용객을 위한 차량터널로 건설하는 방안도 검토 가능하나 터널의 연장 및 배기가스 처리 등의 환경문제를 고려할 때 운행속도 200km/h수준의 고속 열차를 이용한 승객수송 및 고속화차에 의한 화물수송을 위주로 운영하는 것이 바람직하다고 판단된다. 이에 따른 구조대안으로는 침매터널로 시공하는 방안, 단선병렬터널로 시공하는 방안, 서비스 터널을 미리 뚫은 다음 단선병렬터널로 시공하는 방안 등을 검토할 수 있다.

〈그림 1-24〉 구조 1안: 침매터널

〈그림 1-25〉 구조 2안: 단선병렬 + 서비스 터널

(1) 구조 1안: 침매터널

앞에서 설명한 바와 같이 해저에 트렌치를 굴착한 다음 육상에서 제작된 터널구조체를 해저에서 연결하고, 돌 등으로 다시 덮어서 터널을 완성시키는 방안으로 수심이 낮은 우리나라 연안에서 시공이 가능하다.

(2) 구조 2안: 단선병렬 + 서비스 터널

이 대안은 서비스 터널을 미리 굴착하여 해저 지반의 상태를 파악하고 필요한 조치를 선행한 후 병렬 터널을 추가로 굴착하여 고속열차의 운행에 사용하는 대안이다. 서비스 터널은 추후 유사시 재난대비 차량의 진출입로로 사용이 가능할 뿐만 아니라 화물열차의 운행 시 측선의 용도로도 사용할 수 있다.

(3) 구조 3안: 단선 병렬터널

이 대안은 중규모 병렬터널을 굴착하여 고속열차 및 화물열차 선로로 사용하는 방안으로 일정 구간마다 연락갱을 설치하여 방재 및 유지보수 용도로 상호보완적 사용이 가능하다.

(4) 구간별 구조 대안

덕적도로부터 첫 번째 환기구까지의 거리는 85km인데, 이 구간은 수심 약 50m 이하의 연약지반으로서 침매터널 시공을 고려할 수 있다. 덕적도 구간은 분할시공 및 공사비 절감을 위하여 개착공법 및 NATM 공법을 적용하는 것이 바람직하다. 1안의 경우 덕적도에서 영종도까지의 28km는 수심이 낮은 구간으로 침매터널 시공을 고려한다. 2안의 경우 웨이하이~덕적도 구간은 1안과 동일하며 덕적도~대부도~화성 구간은 교량과 토공구간으로 육상을 통과한다. 3안의 경우 덕적도~당진 구간은 수심이 낮으므로 침매터널로 시공한다. 당진의 통과노선은 교량과 토공으로 구상하고, 이후 평택항 앞바다는 침매터널로 연결하는 것이 바람직하다고 판단된다.

〈그림 1-26〉 한반도 및 주변의 최근(1978~2008년) 계기 지진 발생 현황(기상청, 2009)

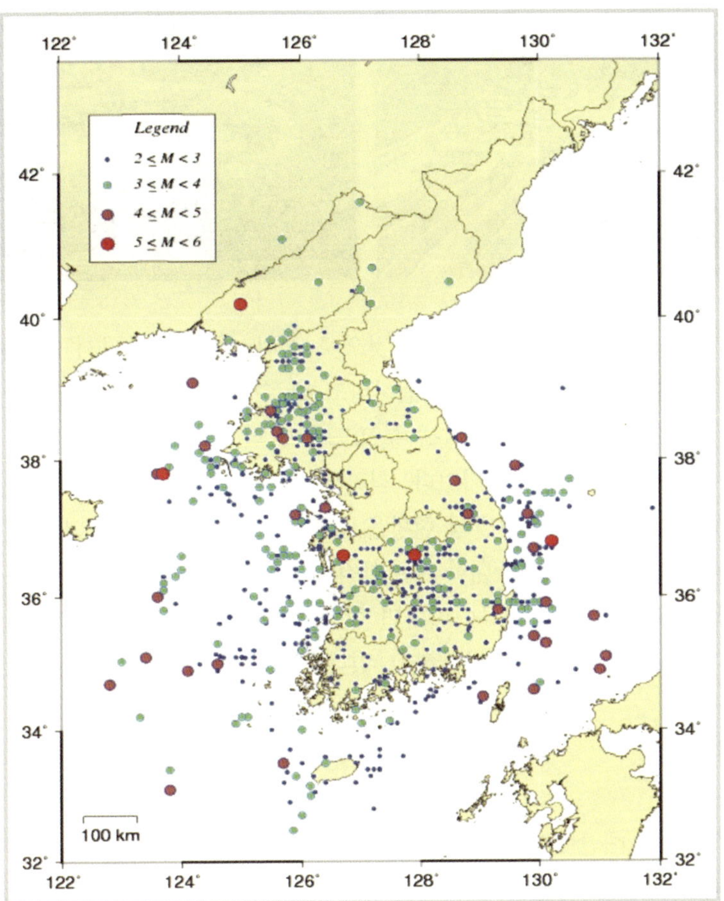

5) 기타 고려사항

(1) 지진의 안정성

얕은 개착식 터널은 지진발생시 암반의 진동특성을 여과없이 받아들이기 때문에 뒤채움 재료의 동적토압 등의 영향으로 인해 지진동에 민감한 영향을 받는 것으로 예측되지만, 해저터널은 암반 중에 건설되기 때문에 지진동

〈그림 1-27〉 인공섬의 활용방안

일본 동경만의 인공섬

두바이 하이드로폴리스 해상호텔

으로 인한 영향을 거의 받지 않는 것으로 알려져 있다. 따라서 암반중의 해저터널은 지상에 비해 지진에 안전하다고 할 수 있다. 지난 1978년 이후 현재까지 우리나라 주변의 지진발생 분포도를 살펴보면 진도 5 이상의 지진은 노선 주변에서 1회만 관측되었다. 최근의 계기 지진 발생 현황과 중부 서해안 지역에서의 역사 지진 발생 현황을 고려해 볼 때, 한중 해저터널 예상구간에서의 발생 가능 지진에 대한 지진학적 특성 규명 및 이를 통한 체계적이고 합리적인 내진 설계가 이루어진다면 한중 해저터널의 안전성 확보는 어렵지 않을 것으로 전문가들은 판단하고 있다.

(2) 인공섬

인공섬이란 해안에서 거리가 떨어져 있는 해역에 인위적으로 건설하는 섬이며 해저터널을 건설할 경우 인공섬은 매립식으로 만든다. 인공섬은 시공중에는 시공장비 및 자재반입, 터널버력 반출을 위해 공사작업용으로 수직 또는 경사진 터널을 굴착하고, 공사 후에는 환기와 배수, 재난시 긴급대피용으로 활용할 수 있다. 세이칸 터널(53.9km)과 유로터널(38km)의 경우에는 노선길이가 짧기 때문에 인공섬을 건설하지는 않았으나, 한중 해저터널의 경우는 초장대 해저터널이기 때문에 공사의 빠른 진행을 위하여 다수의 인공섬을 설치할 필요가 있다.

일반적으로 20여 km마다 건설하나, 공사기간 단축 등을 위해 막장을 몇 개소나 확보할 지에 따라 25~50km마다 1개소의 인공섬 설치가 가능하다. 한

〈그림 1-28〉 한중 해저터널 인공섬 구상도

중 해저터널은 평균 수심이 40m 이하이기 때문에 인공섬 설치 시 공해상의 한 개 정도는 큰 규모로 만들어서 해저도시 건설 구상과 연계 추진방안으로 고려 가능하다. 웨이하이에서 덕적도까지 40km 간격으로 4개의 환기구 설치하고 웨이하이로부터 180km 지점(덕적도로부터 125km 지점)에는 인공섬을 설치하여 정거장 및 관광지로 이용할 수 있다.

아랍에미리트 두바이에는 수심 20미터의 깊이에 '하이드로폴리스' 라는 수중호텔을 건설하는 계획이 추진 중인데, 육지의 랜드스테이션에서 수중 호텔로 연결되는 해저터널 기차가 손님과 호텔 운영에 필요한 물품을 실어 나를 예정이다. 220개 객실과 레스토랑, 바, 무도회장, 스파 등 각종 부대시설도 함께 이용할 수 있다. 또한 피지에서는 12m 깊이의 피지 바닷 속에 '포세이돈 언더시 리조트' 라는 일반인들이 접근하기 쉬운 새로운 레저공간을 시도하고 있다. 앞으로는 인공섬도 해저터널의 공사와 유지관리를 위한 시설에서 벗어나, 새로운 여가공간으로 활용하는 방안도 적극 검토할 필요가 있다.

(3) 육상 터미널

프랑스 칼레와 영국의 포크스톤에는 르 셔틀 운영을 위한 터미널이 입지하고 있다. 영국 포크스톤 터미널의 규모는 140ha 인데, 향후 한중 해저터널 건설 시에도 카트레인 방식의 화물열차 운영을 위한 터미널의 건설이 필요하기 때문에 해저터널 노선 결정 시, 적정 규모의 터미널 부지가 확보되는지 여부도 평가의 기준이 되어야 한다. 칼레 지역에는 '유럽 시티(Cite Europe)'

〈그림 1-29〉 프랑스 칼레(Calais)의 터미널(Google Earth 위성사진)

〈그림 1-30〉 육상 터미널의 이용절차

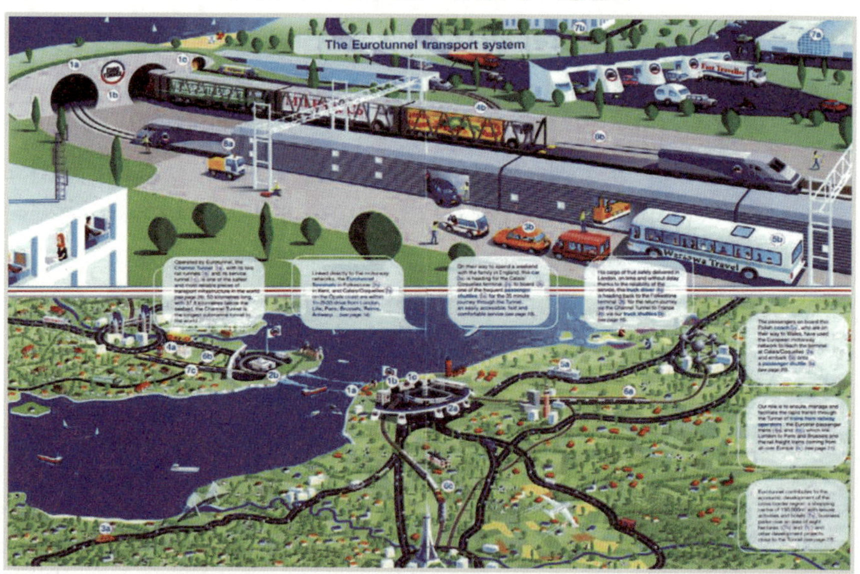

자료: Eurotunnel 2006 Annual Review(www.eurotunnel.com).

라고 하는 대형 쇼핑몰이 입주하고 있어 영국으로 자동차 여행을 하는 사람들이 도버해협을 건너기 전 물건을 구입하는 장소로 이용되기도 한

〈표 1-5〉 공사비 산정 (단위: 억 원)

구분	단가	인천~웨이하이	화성~웨이하이	평택·당진 ~웨이하이	옹진~웨이하이
쉴드 TBM	3.50(억 원/m)	771,050	771,050	771,050	646,500
침 매	2.60(억 원/m)	290,420	217,620	316,628	57,200
NATM	2.00(억 원/m)	8,000	11,800	10,840	
교량	0.40(억 원/m)		11,424	11,424	
토공	0.15(억 원/m)		1,200	4,875	2,070
환기구	5,000(억 원/개)	25,000	25,000	25,000	20,000
정거장	140,000(억 원/개)	140,000	140,000	140,000	
총계		1,234,470	1,178,094	1,279,817	725,770

다. 이러한 점을 고려할 때 터미널 주변지역의 개발계획에 대한 검토도 필요하다.

6) 공사비 산정

현재까지 한중 해저터널의 연구는 구상단계이나 구상노선을 바탕으로 시공성 등을 고려하여 특징 및 장단점을 분석해 보고, 구체적인 대안노선을 검토하였다. 이를 토대로 향후 한중 해저터널을 건설하기 위하여 필요한 공사비와 공사기간에 대하여 개략적으로 산정해 보았다.

터널공사에 있어서 지반조사는 가장 핵심적인 사항인 만큼 철저하고 신중하게 시행되어야 한다. 지질조사가 이루어지면, 이에 따른 터널의 종단노선이 최종적으로 확정될 수 있다. 조사가 이루어지고 나면 이를 바탕으로 설계를 착수하게 된다. 조사와 설계는 신중히 검토되어야 하므로 많은 시간이 필요하다. 예산이 충분히 확보된다면 5년 정도면 검토가 완료될 수 있을 것으로 판단된다. 시공기간을 10년으로 가정하면 한중 해저터널은 15년 정도의 사업기간이 소요될 것으로 예상된다.

공사비의 경우 인공섬 및 환기구 조성, TBM 장비개발비 등 초기공사비가

〈그림 1-31〉 개략 교통수요 예측과정

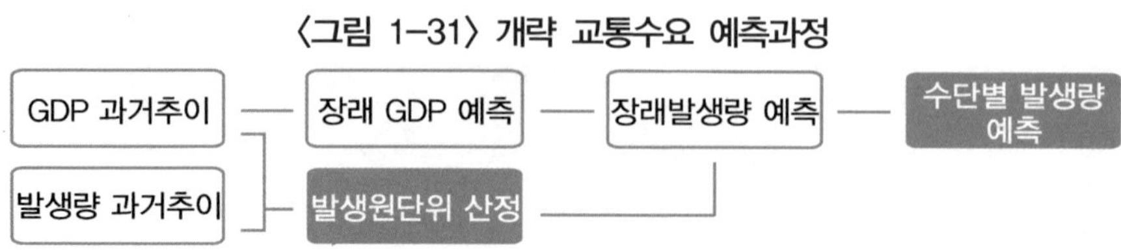

상대적으로 많이 소요되다가 착공 5년 이후에는 연차별 공사비가 점차적으로 감소하는 추세를 나타낼 것으로 예상된다. 1안인 인천~웨이하이 노선은 123조 4,470억 원, 2안인 화성~웨이하이 노선은 117조 8,094억 원, 3안인 평택·당진~웨이하이 노선은 127조 9,817억 원, 4안인 옹진~웨이하이 노선은 72조 5,770억 원의 공사비가 소요될 것으로 예상되었다.

5. 여객 화물 수요예측

한중 해저터널의 사전 타당성 검토를 위하여 본 구상안에서는 장래 양국간 여객 및 화물 수요를 개략적으로 추정하였다. 본 구상안에서는 양국의 여객 및 화물 수요는 각국의 장래 GDP에 연동하여 증가할 것으로 가정하고, 우선 각국의 장래 GDP를 예측 후 장래 발생량 및 수단별 발생량을 예측하였다.

1) 장래 GDP 예측

장래 한중 양국의 GDP 전망에서 한국의 경우 낙관적 전망치는 정부민간합동작업단이 작성한 "비전2030(2006.8)"을 기준으로 하였다. 중국의 경우 2005년, 2010년 경제성장률은 현 수준을 유지하고, 2030년 경제성장률은 한중간 경제성장율 차이인 10년을 적용하되 낙관적 성장률 4.30%를 적용하였다.

〈표 1-6〉 장래 양국 GDP 예측결과(전망) (단위: 백만 달러)

구분		2005	2010	2015	2020	2025	2030	2040
한국	낙관적	791,572	2,243,688 (4.90%)	1,241,050 (4.30%)	1,531,831 (4.30%)	1,758,638 (2.80%)	2,019,027 (2.80%)	2,661,174 (2.80%)
	중립적	791,572	959,370 (3.92%)	1,136,132 (3.44%)	1,345,461 (3.44%)	1,503,057 (2.24%)	1,679,112 (2.24%)	2,095,502 (2.24%)
	비관적	791,572	914,979 (2.94%)	1,039,261 (2.58%)	1,180,424 (2.58%)	1,282,968 (1.68%)	1,394,420 (1.68%)	1,647,210 (1.68%)
중국	낙관적	2,243,688	4,712,511 (16.00%)	7,641,435 (10.15%)	12,390,745 (10.15%)	15,293,925 (4.30%)	18,877,328 (4.30%)	24,881,219 (2.80%)
	중립적	2,243,688	4,097,396 (12.80%)	6,053,941 (8.12%)	8,944,753 (8.12%)	10,592,803 (3.44%)	12,544,503 (3.44%)	15,655,317 (2.24%)
	비과적	2,243,688	3,548,258 (9.60%)	4,768,563 (6.09%)	6,408,549 (6.09%)	7,279,025 (2.58%)	8,267,737 (2.58%)	9,766,570 (1.68%)

주: 2007년 불변가격.

〈표 1-7〉 장래 여객 통행발생원단위 산정 (단위: 백만 달러, 명)

구분		평균	2001	2002	2003	2004	2005
한국 → 중국	GDP(A)		481,979	547,856	608,337	681,227	791,572
	통행발생량(B)		682,942	1,715,774	1,565,138	2,324,783	2,948,302
	원단위(B/A)	3.21	1.42	3.13	2.57	3.41	3.41
중국 → 한국	GDP(C)		1,324,812	1,453,837	1,640,966	1,931,642	2,243,688
	통행발생량(D)		337,210	365,063	344,473	472,639	585,569
	원단위(D/C)	0.24	0.25	0.25	0.21	0.24	0.26

2) 장래 여객발생량 예측

(1) 통행발생원단위

한중 양국의 최근 5년간 GDP 대비 여객통행발생량을 비교해 본 결과 일정한 비율을 유지하는 것으로 검토되었으며, 구체적으로 GDP대비 여객통행발생원단위는 한국인 출국의 경우 평균 3.21(인/백만 달러), 중국인 입국의 경우 0.24(인/백만 달러)로 산정된다.

〈표 1-8〉 장래 여객통행발생량 예측결과 (단위: 명)

구분		2010	2015	2020	2025	2030	2040
한국→중국	낙관적	3,228,019	3,984,351	4,917,894	5,646,050	6,482,019	8,543,611
	중립적	3,080,026	3,647,513	4,319,560	4,825,515	5,390,734	6,727,540
	비관적	2,937,511	3,336,514	3,789,714	4,118,927	4,476,739	5,288,313
중국→한국	낙관적	1,138,886	1,846,728	2,994,507	3,696,127	4,562,138	6,013,116
	중립적	990,230	1,463,073	2,161,704	2,559,993	3,031,666	3,783,466
	비과적	857,518	1,152,432	1,548,773	1,759,143	1,998,088	2,360,315

〈표 1-9〉 장래 한중 해저터널 여객수요 예측결과 (단위: 명)

구분		2025	2030	2040
합계(왕복)	낙관적	3,269,762	3,865,455	5,094,854
	중립적	2,584,928	2,947,840	3,678,852
	비관적	2,057,325	2,266,189	2,677,020
한국→중국	낙관적	1,976,118	2,268,707	2,990,264
	중립적	1,688,930	1,886,757	2,354,639
	비과적	1,441,624	1,566,859	1,850,910
중국→한국	낙관적	1,293,644	1,596,748	2,104,591
	중립적	895,998	1,061,083	1,324,213
	비과적	615,700	699,331	826,110

(2) 장래 여객발생량 예측

장래 여객발생량은 GDP전망에 통행발생원단위를 적용하여 산정하였으며, 낙관적 관점에서 장래 여객통행은 한국인의 중국 방문객은 2025년 5,646천명, 2030년 6,482천명, 2040년 8,544천명, 중국인의 한국 방문객은 2025년 3,696천명, 2030년 4,562천명, 2040년 6,013천명으로 추정되었다.

(3) 장래 한중 해저터널 여객수요 예측

한국과 중국 양국 간 장래 여객발생량 중 한중 해저터널의 여객수요는 영

〈표 1-10〉 장래 화물발생원단위 산정 (단위: 백만 달러)

구분		평균	2003	2004	2005	2006	2007
한국 → 중국	GDP(A)		608,337	681,227	791,572	888,267	949,698
	화물발생량(B)		35,084	49,744	61,898	69,439	81,933
	원단위(B/A)	0.08	0.06	0.07	0.08	0.08	0.09
중국 → 한국	GDP(C)		1,640,966	1,931,642	2,243,688	2,630,113	3,051,243
	화물발생량(D)		21,536	29,186	38,238	48,355	62,930
	원단위(D/C)	0.02	0.01	0.02	0.02	0.02	0.02

불해저터널의 현재 여객수단 분담률을 고려하여 35%를 적용하였다. 한중 해저터널이 2025년 개통되는 것으로 가정할 때, 여객수요(왕복)는 낙관적 기준으로 2025년 3,270천명, 2030년 3,865천명, 그리고 2040년 5,095천명으로 추정되었다.

3) 장래 화물발생량 예측

(1) 통행발생원단위

한국과 중국 양국의 최근 5년간 GDP 대비 화물발생원단위(금액기준)는 한국 대중국 수출액의 경우 평균 0.08, 중국으로부터 수입액의 경우 0.02로 산정되었다.

(2) 장래 화물발생량 예측

장래 수출입 교역액은 GDP전망에 화물발생원단위를 적용하여 산정하였다. 한국 대중국 수출액의 경우 낙관적 기준에서 2025년 138,785백만 달러, 2030년 159,333백만 달러, 2040년 210,009백만 달러, 중국으로부터 수입액의 경우 2025년 272,084백만 달러, 2030년 335,834백만 달러, 2040년 442,646백만 달러로 추정되었다.

〈표 1-11〉 장래 수출입 교역액 예측 (단위: 백만 달러)

구분		2010	2015	2020	2025	2030	2040
한국 → 중국	낙관적	79,347	97,939	120,886	138,785	159,333	210,009
	중립적	75,710	89,659	106,178	118,615	132,509	165,368
	비관적	72,206	82,014	93,154	101,247	110,042	129,991
중국 → 한국	낙관적	83,837	135,944	220,436	272,084	335,834	442,646
	중립적	72,894	107,702	159,130	188,450	223,171	278,514
	비관적	63,125	84,834	114,010	129,496	147,086	173,751

주: 2007년 불변가격 기준.

〈표 1-12〉 장래 화물발생량 예측 (단위: 천 톤)

구분		2010	2015	2020	2025	2030	2040
한국 → 중국	낙관적	20,100	13,521	9,141	7,114	5,574	3,450
	중립적	19,179	12,378	8,029	6,080	4,635	2,701
	비관적	18,291	11,322	7,044	5,190	3,849	2,123
중국 → 한국	낙관적	50,808	49,400	50,105	48,603	49,470	44,363
	중립적	44,176	39,137	36,170	33,663	32,874	27,914
	비관적	38,256	30,828	25,914	23,132	21,666	17,414

장래 화물발생량을 2005년 이후 교역금액 대비 화물량 환산비 추이를 반영하여 추정하면, 한국 대중국 수출량의 경우 낙관적 기준에서 2025년 7,114천 톤, 2030년 5,574천 톤, 2040년 3,450천 톤, 중국으로부터 수입량의 경우 2025년 48,603천 톤, 2030년 49,470천 톤, 2040년 44,363천 톤으로 추정되었다.

(3) 장래 한중 해저터널 화물발생량 예측

한국과 중국 양국 간 수출입 화물수요의 수단분담비를 수단별 교역금액 대비 화물량 환산비 추이를 반영하여 추정하였다. 다만 한중 해저터널의 수요는 항공수요의 35%로 가정하였다. 수단별 화물수요는 교역액 기준으로는 2025년 이후 항공 19.4%, 해운 70.2%, 터널 10.4%로 변동이 없으나, 교역량(중량) 기준으로 2025년 항공 0.2%, 해운 99.6%, 터널 0.1%에서 2040년 항공 0.5%,

〈표 1-13〉 장래 수단별 화물발생량 예측 (단위: 백만 달러, 톤)

구분		2025		2035		2040	
		금액	중량	금액	중량	금액	중량
한국→중국	소계	410,869 (100.0%)	55,716,956 (100.0%)	495,168 (100.0%)	55,043,140 (100.0%)	652,655 (100.0%)	47,792,963 (100.0%)
	한공	79,540 (19.4%)	136,229 (0.2%)	95,888 (19.4%)	166,801 (0.3%)	126,384 (19.4%)	219,851 (0.5%)
	해운	288,499 (70.2%)	55,507,373 (99.6%)	347,648 (70.2%)	54,786,523 (99.5%)	458,217 (70.2%)	47,454,730 (99.3%)
	터널	42,829 (10.4%)	73,354 (0.1%)	51,632 (10.4%)	89,816 (0.2%)	68,053 (10.4%)	118,381 (0.2%)
중국→한국	소계	138,785 (100.0%)	7,114,433 (100.0%)	159,333 (100.0%)	5,573,633 (100.0%)	210,009 (100.0%)	3,429,557 (100.0%)
	한공	26,543 (19.1%)	15,626 (0.2%)	30,473 (19.1%)	17,939 (0.3%)	40,165 (19.1%)	23,645 (0.7%)
	해운	97,949 (70.6%)	7,090,393 (99.7%)	112,452 (70.6%)	5,546,034 (99.5%)	148,216 (70.6%)	3,393,180 (98.9%)
	터널	14,292 (10.3%)	8,414 (0.1%)	16,409 (10.3%)	9,660 (0.2%)	21,627 (10.3%)	12,732 (0.4%)
중국→한국	소계	272,084 (100.0%)	48,602,524 (100.0%)	335,834 (100.0%)	49,469,507 (100.0%)	442,646 (100.0%)	44,363,406 (100.0%)
	한공	52,997 (19.5%)	120,604 (0.2%)	65,414 (19.5%)	148,861 (0.3%)	86,219 (19.5%)	196,206 (0.4%)
	해운	190,550 (70.0%)	48,416,979 (99.6%)	235,197 (70.0%)	49,240,490 (99.5%)	310,001 (70.0%)	44,061,550 (99.3%)
	터널	28,537 (10.5%)	64,940 (0.1%)	35,223 (10.5%)	80,156 (0.2%)	46,426 (10.5%)	105,650 (0.2%)

주: 2007년 불변가격 기준.

해운 99.3%, 터널 0.2%로 항공과 터널 수요가 증가할 것으로 예측하였다. 장래 한중 해저터널의 수출입 화물수요는 낙관적 관점에서 한국의 대중국 수출액의 경우 2025년 14,292백만 달러(8,414톤), 2030년 16,409백만 달러(9,660톤), 2040년 21,627백만 달러(12,732톤), 중국으로부터 수입액의 경우 2025년 28,537백만 달러(64,940톤), 2030년35,223백만 달러(80,156톤), 2040년 46,426 백만 달러(105,650톤)로 추정되었다.

6. 경제적 파급효과 분석

한중 해저터널의 건설에 따른 생산유발효과 및 부가가치 유발효과는 객관적 추정이 가능한 아시아 국제 I-O(Asian International Input-Output Table 2000)를 이용하여 분석하였다. 생산유발효과는 최종수요에 대한 직간접적인 생산액 변동이며, 부가가치 유발효과는 특정 산업부문의 국내 생산물에 대한 최종 수요의 한 단위 발생이 유발하는 전체 산업의 직간접적 부가가치의 변동을 의미한다. 따라서 생산유발효과와 부가가치 유발효과는 특정 산업의 변동에 따른 경제적 파급효과를 보여주는 핵심적인 지표들이다. 본 분석모형에서 원화로의 환산에 활용된 환율은 아시아 국제 I-O가 작성될 때 사용된 환율로서 1 US달러를 1,130.96원으로 가정하였다.

본 구상안에서는 한중 해저터널의 길이는 373km로 가정하고 한국과 중국 양쪽이 동일한 길이의 터널을 구축하기 위해 동일한 비용을 투자하는 것으로 간주하였다. 따라서 한중 해저터널 건설을 위한 예상 공사비를 총 117조 8,094억 원으로 가정하면 한국과 중국이 50%씩 공사비를 부담하여 각각 58조 9,047억 원을 투입하게 될 것이다. 또한 투자공사비는 모두 아시아 국제 I-O 24개 산업부문의 건설 산업에 투입하는 것으로 가정하였다.

분석 결과에 의하면 한중 해저터널 건설은 한·중·일 3국 경제에 모두 긍정적인 파급효과를 가져오는 것으로 예측되었다. 한국의 생산유발액은 102,589,436천 달러(116조 245억 원)이며, 중국의 생산유발액은 133,259,486천 달러(150조 7,111억 원), 일본의 생산유발액은 7,602,631천 달러(8조 5,982억 원) 등 총 243,451,553천 달러, 약 275조 3,339억 원에 달한다. 즉 한국과 중국의 117조 8천억 원의 투자는 동북아 3국에서 2배 이상의 긍정적 파급효과를 가져오는 것이다. 산업 부문별로 보면 한국과 중국의 경우 양국 모두 건설 산업의 생산유발효과가 가장 크고 금속광물과 서비스에 미치는 파급효과도 큰 편에 속한다. 일본의 경우에는 한국과 중국의 공동 사업으로 인해 금속광물과 기계류의 생산유발효과가 크다. 한편 동일한 투자액의 투입에도 불구하고 중국의 생산액이 한국의 생산액보다 큰 것은 중국경제의 규모가 더 클

〈표 1-14〉 한중 해저터널의 생산유발효과 (단위: 천 달러)

산업	한국	중국	일본	합계
쌀	88,833	180,050	2,110	270,992
기타 농수산물	188,949	617,426	3,488	809,863
가축 및 가금류	78,522	288,399	2,716	369,638
임업	35,879	262,511	10,286	308,676
어업	34,099	148,691	1,925	184,715
원유 및 천연가스	0	2,607,713	774	2,608,487
기타 광산물	727,161	2,497,466	27,458	3,252,084
음식료품과 담배	509,416	730,062	27,248	1,266,726
섬유, 가죽 및 관련제품	297,362	1,725,121	123,494	2,145,978
목재와 나무제품	1,144,107	1,187,465	33,201	2,364,773
펄프, 종이와 인쇄물	899,528	1,373,466	150,178	2,423,172
화학제품	1,748,595	3,070,864	465,963	5,285,421
석유 및 석유제품	2,384,406	6,576,019	114,632	9,075,057
고무제품	145,471	611,320	37,248	794,039
비금속광물	5,272,091	9,848,019	252,554	15,372,664
금속광물	13,266,094	13,165,101	2,005,282	28,436,477
기계류	4,653,080	9,391,877	2,004,656	16,049,612
운송장비	302,986	1,297,942	72,342	1,673,270
기타 제품(정밀기계)	1,799,398	1,701,920	295,413	3,796,732
전기, 가스, 수도	1,267,225	4,809,886	163,107	6,240,218
건설	52,391,646	52,502,903	58,554	104,953,103
유통과 운송	3,342,171	8,950,662	979,571	13,272,404
서비스	12,012,417	9,714,604	768,781	22,495,802
공공행정	0	0	1,651	1,651
합계	102,589,436	133,259,486	7,602,631	243,451,553

뿐만 아니라 산업구조의 차이에 따라 생산유발계수가 다르기 때문이라고 판단된다.

한편 부가가치 유발액은 한국 43,180,830천 달러(48조 8,357억 원), 중국

〈표 1-15〉 한중 해저터널의 부가가치 유발효과 (단위: 천 달러)

산업	한국	중국	일본	합계
쌀	73,078	110,995	1,344	185,417
기타 농수산물	136,379	389,552	2,255	528,186
가축 및 가금류	19,764	138,502	648	158,914
임업	28,169	186,296	7,103	221,568
어업	16,315	87,266	1,089	104,670
원유 및 천연가스	0	1,769,042	483	1,769,525
기타 광산물	461,311	1,135,390	11,364	1,608,066
음식료품과 담배	138,995	233,387	10,590	382,972
섬유, 가죽 및 관련제품	89,008	459,271	45,318	593,597
목재와 나무제품	372,442	308,610	12,409	693,461
펄프, 종이와 인쇄물	257,906	399,488	61,726	719,119
화학제품	399,240	768,302	150,800	1,318,341
석유 및 석유제품	799,678	1,641,889	46,919	2,488,486
고무제품	53,141	137,674	14,321	205,136
비금속광물	1,863,025	2,957,512	109,077	4,929,614
금속광물	3,386,851	2,951,685	689,419	7,027,955
기계류	1,309,668	2,243,109	716,194	4,268,971
운송장비	74,760	314,518	19,612	408,890
기타 제품(정밀기계)	509,545	415,401	106,483	1,031,428
전기, 가스, 수도	586,765	1,948,470	86,197	2,621,431
건설	23,072,130	14,082,567	26,720	37,181,417
유통과 운송	1,811,236	4,324,708	639,012	6,774,957
서비스	7,721,425	4,892,332	509,487	13,123,244
공공행정	0	0	1,189	1,189
합계	43,180,830	41,895,968	3,269,758	88,346,555

41,895,968천 달러(47조 3,826억 원), 일본 3,269,758천 달러(3조 6,979억 원) 등 총 88,346,555천 달러(99조 9,164억 원)이다. 한국과 중국의 경우 한중 해저터널 건설로 인해 건설 산업의 부가가치 유발효과가 큰 반면 일본은 기계류 및 금속광물의 부가가치 유발액이 높다. 동일한 투자액에도 불구하고 한국의 부가가치가 중국의 부가가치보다 높은 것은 한국이 중국에 비해 건설관련

산업이 타 산업과의 연관관계가 높기 때문인 것으로 판단된다.

한편 아시아 국제 I-O를 활용해서는 고용유발과 취업유발을 추정할 수 없다. 따라서 2005년 기준 한국은행의 산업별 취업계수표(78부문, 통합중분류)에 근거하여 한중 해저터널의 건설에 따른 국내 고용 및 취업유발 효과만을 평가한 결과 한중 해저터널 건설은 전 산업에서 약 937,444명의 취업과 약 811,531명의 고용을 유발하는 것으로 추산되었다. 한중 해저터널이 한국과 중국 경제 나아가 일본 경제에 미치는 긍정적 파급효과는 매우 크다. 더욱이 본 분석에서는 한중 해저터널 건설로 인해 발생할 수 있는 편익 등이 고려되지 않았다. 따라서 해저터널 건설 후 발생하는 관광수입, 운송수입, 관련 지역경제 활성화 등까지 고려한다면 한중 해저터널의 경제적 편익은 더 높아질 것이다.

본 분석에서는 한중 해저터널 건설의 사전 타당성 검토 수준에서 여객 및 화물 수요를 개략적 예측하였다. 그러나 향후 해중해저터널의 본격적인 추진을 위해서는 경제성 분석을 바탕으로 한 구체적인 타당성 검증이 필요하다.

7. 향후 추진전략

1) 한중 간 해저터널 연구협의체 구성

영국과 프랑스 간 해저터널은 1802년에 최초로 구상된 이래, 1986년에 건설공사가 착공되었고 1994년에 개통식이 이루어져 구상에서 개통까지 총 192년이 소요되었다. 지브롤터 터널은 1980년 스페인과 모로코 간 협력을 위한 협정이 체결된 이후, 1996년 1단계 타당성 조사완료, 1997년부터 2단계 타당성 조사 착수 등 20년 이상이 소요되고 있다. 단일국가내 해저터널인 일본의 세이칸 터널도 최초구상 1939년, 착공 1964년 3월, 터널완공 1985년 3월, 개통 1988년 3월로 건설기간 21년을 포함하여 총 49년이 소요되었다. 이와 같이 해저터널 추진을 위해서는 오랜 시간 동안의 조사와 연구 및 양국 간의 협의

〈표 1-16〉 한중 해저터널 관련 추진 내용

- 한중 해저터널 관련 선상 토론회 개최(2008. 2. 16, 산둥성 웨이하이)
- 동북아 협력체계 강화를 위한 한·중 해저터널 구상 발표(2008. 5. 14, 서울)
  · 한중 해저터널의 기본구상
  · 한중철도 연결의 필요성과 실행가능성 분석(중국국가발전개혁위원회 종합운수연구소)
  · 한중 해저터널이 동북아 경제통합에 미치는 효과
- 제5차 중국 산둥성과 경기도의 발전포럼 공동개최(2008. 6. 19, 산둥성 지난)
- 제3차 한중 환황발해협력·톈진포럼 공동개최(2008. 10. 15, 톈진)
- 해저터널 국제심포지엄 - 한·중·일 해저터널을 중심으로 - 발표(2008. 11. 14, 서울)
- 제9회 환황해 경제기술교류회의 발표(2009. 7. 15, 산둥성 옌타이)
- 동북아 경제협력의 연결로 한중 해저터널 국제세미나 개최(2009. 10. 8, 서울)
- 제8회 터널시공기술향상 대토론회 발표(2009. 12. 3, 서울)
- 제11회 동아시아 국제 심포지엄 발표(2010. 8. 24, 서울)

가 필요함을 알 수 있는데 한국과 중국 간에도 연구협의체를 구성하여 분야별로 심도있는 논의가 필요하다. 그 동안 한중 해저터널의 기본구상에 대한 논의와 설명을 위해 몇차례 국제세미나가 이루어지기는 하였으나, 앞으로는 여객 및 화물 물동량 예측, 공사비 산정, 경제적 파급효과, 재원조달방안 등에 대한 보다 구체적인 검토를 위해 기술분과, 물류분과, 경제분과, 재정분과 등을 설치하여 운영할 필요가 있다. 연구협의체는 우선 민간차원에서 연구소대학 등 연구기관, 엔지니어링 업체 등으로 구성하여 추진하되, 민간의 연구가 어느 정도 성과와 진전이 있는 경우에는 정부차원에서 실무회의 및 협의기구를 설치하는 것이 바람직하다.

국토해양부에서는 2009년부터 "동북아 경제공동체 대비를 위한 한중 해저터널 기초연구"를 추진해오고 있는데 이 용역에서는 경제적 타당성 분석까지 이루어질 전망이다. 용역결과를 토대로 향후 한중 해저터널 건설을 위한 준비작업을 진행해 나가면 되는데, 현재는 노선구간에 대한 정확한 기초조사 자료가 없기 때문에 앞으로 개략노선에 대한 지형지질조사, 설계시공방법 조사, 환경관련 조사가 이루어질 필요가 있다. 이를 위해서는 필요한 조사사업을 국가 R&D 사업으로 추진할 수 있는 체계를 갖추고 관련 기관들이 참여하여 추진해 나갈 필요가 있다.

2) 해저터널 건설을 위한 핵심기술 개발

우리나라 건설사가 시공한 부르즈칼리파가 2010년에 828m 높이로 완공되어 세계최고의 빌딩이 되었으며, 세계에서 두 번째로 높은 타이베이 101뿐만 아니라 쿠알라룸푸르의 페트로나스 트윈타워도 모두 우리나라 건설사가 시공한 바 있다. 전 세계의 초고층빌딩 건설에 있어서 대한민국의 기술력을 의심하는 나라는 아마도 없을 것이다. 그러나 해저터널에 대한 시공 기술력은 매우 미흡한 수준이다. 해저터널도 초고층 건물과 마찬가지로 상당한 수준의 기술력을 갖추어야 시공이 가능한 시설이다. 한중 해저터널 건설의 실현가능성을 떠나 해저터널의 시공 기술력이 확보되어야 우리 손으로 해저터널을 건설할 수 있는 것이다.

일본과 우리나라를 연결하는 한일 해저터널은 거의 20년 동안 논의가 이루어져 왔는데 우리나라와 연결되는 사업임에도 불구하고 우리와는 아무런 관련없이 사업이 추진되고 있는 실정이다. 이에 비해 일본은 구체적인 검토 및 연구와 함께 450m 시험굴착도 실시하였다. 일본은 이런 상황을 활용하여 일본이 210㎞ 연장의 한일 해저터널 사업을 추진하고 있다는 사실을 적극 알리고 있다. 현재 전 세계적으로 검토 중인 해저터널 사업이 10여개 정도 되는데 한 프로젝트 당 20조~100조 원 정도가 투입되는 초대형 사업들이다. 세계의 해저터널 시장규모를 살펴보면, 발주물량은 많지 않으나 해저터널의 건설특성상 대규모 사업으로 발주될 가능성이 많기 때문에 잠재적인 시장규모는 매우 큰 것으로 예측된다.

향후 발주 예상되는 사업은 지브롤터 해저터널(스페인 카날레스~모로코 시레스, 27.7km), 베링해협 해저터널(러시아대륙 동단~북미대륙 알래스카, 85km)등이 있다. 해저터널의 건설비는 사업별로 다양하게 예측되고 있으나 시공이 용이할 경우 km당 2,000억 원~3,500억 원 수준으로 예상된다. SK 건설은 2008년 터키 교통부에서 발주하는 10억 달러 규모의 지중굴착식 해저터널 건설 공사를 수주하기도 했는데 향후 이와 같은 해저터널 건설시장에 적극적으로 참여하기 위해서는 핵심기술의 개발이 시급하다. 우리나라 해저터널 기술도 그동안 많이 발전해 왔으며 현재 부산 가덕도와 경남 거제시를 연결하는 총

〈그림 1-32〉 거가대교 조감도

자료: GK해상도로(주)(2008), 부산~거제 간 연결도로 건설공사.

연장 8.2km의 거가대교 공사가 진행 중인데, 이 중 3.7km는 해저 침매터널(가덕도~대죽도)로 시공되고 있다.

해저터널에 관한 국내 연구는 국토해양부 건설핵심기술연구 개발사업 중 "해저시설물 차폐기술개발"이란 연구사업이 2005년도부터 추진되면서 시작되었는데, 현재 해저터널 건설에 필요한 핵심기술을 개발 중에 있다. 이 기술개발은 한국지질자원연구원, 한국철도기술연구원, 한국건설기술연구원, SK건설(주) 등이 연구기관으로 참여하여 해저지반 조사 및 계측기술개발, 수리역학적 설계기술개발, 해저터널 방배수 설계기술 및 신재료 개발 등 차폐기술 개발과 관련하여 연구를 수행하고 있다. 해저터널은 육상의 지하구조물과 달리 매우 높은 수압을 받는 구조물이다. 따라서 차폐 및 보강기술이 필수적으로 요구되며 시공 및 운영 중의 안정성을 확보하기 위해서는 해저터널의 특성을 고려한 계측기술, 방배수 기술이 필수적으로 요구된다. 해저터널 건설과 관련하여 이외에도 인공섬을 해저도시로 개발하는 건축계획분야 등에 대한 연구개발도 지속적으로 이루어져야 할 것이다. 따라서 한중 해저터널이 건설되기 위해서는 필요성에 대한 보다 심도 깊은 연구와 함께 기술개발이 체계적으로 이루어질 필요가 있다.

3) 한중 해저터널의 추진방식의 검토

한중 해저터널은 경제적 파급효과와 한국과 중국 양 국가의 공익적 성격이 강하고, 본 사업의 규모 및 사업기간을 고려해 볼 때 국내에 건설되었던 대규모 사회기반시설의 규모와는 현격한 차이가 있기 때문에 민간사업자나 정부 중에서 어느 하나의 기관이 본 사업의 재원조달을 모두 책임지기에는 여의치 않은 실정이다. 한중 해저터널의 투자주체는 양국 정부의 재정투자와 민간자금, 국내자본, 국제자본 등의 조합에 따라 몇 가지 대안이 가능하다. 유로터널의 경우는 순수한 민간재원(주식공모+은행융자)만을 활용하여 건설되었으며, 지브롤터 해저터널의 경우는 보조터널 굴착까지는 스페인과 모로코 정부가 담당하고 본 터널 굴착부터는 민간에서 담당하는데 양국 정부 보증 아래 국제금융기관으로부터 차입하는 방식으로 추진될 예정이다.

정밀한 기술조사 및 타당성 조사가 이루어지지 않은 상태에서 투자재원 조달방안을 논하기가 쉽지 않으나, 사업의 안정성을 유지함과 동시에 최적의 구조로 재원을 조달하기 위해서는 우선, 한국과 중국 정부 간에 본 시설에 대한 효과를 고려하여 사업비 분담 비율을 결정하고 우리나라의 부담분을 확정한 후, 정부와 민간사업자가 하나의 컨소시엄이 되어 공동으로 사업을 추진해야 한다고 판단된다.

본 사업의 사업비는 자기자본, 타인자본, 건설보조금의 3가지 방법으로 구분하여 조달하는 방법을 생각해 볼 수 있다. 본 사업에 민간사업자(건설사와 설계사, 운영사 등을 포함한 전략적 투자자, 재무적 투자자)들을 참여시키기 위해서는 민간사업자의 사업 목적이 이윤 추구인 만큼 일정 수준 이상의 수익률 보장이 선행되어야 한다. 따라서 건설보조금을 지원하여 일정 수익률이 발생할 수 있도록 하여 민간사업자의 참여를 유도하는 것이 중요하다. 건설보조금으로 투입된 금액 이외의 부분은 자기자본과 타인자본으로 조달해야 할 것이다. 자기자본을 조달하는데 있어 본 사업이 국가와 국가 간의 공익적인 측면이 있을 뿐 아니라 사업의 안정적인 측면을 위해서도 정부가 일정 부분 출자하는 방안을 모색할 수 있으며, 이러한 사항은 본 사업의 민간사업자들에게 사업의 참여를 유도할 것으로 본다.

또한 유로터널의 경우와 같이 사업초기에 운영과 관련된 비용이 운영수입의 3배에 달하여, 실제 손실이 지속되어 운영 위험이 가중되고 있는 상황에서 본 사업에 자기자본 출자 및 타인자본 참여에 있어 민간업체들의 참여를 유도하기 위해서는 본 사업의 시점 및 종점, 공해상에 해양 도시를 건설하여 카지노와 컨벤션 등의 여러 아이템을 부대사업으로 구상함으로써 여가 공간으로의 활용 및 관광객의 유치 등을 추진하는 방안을 적극 검토해야 할 것이다. 타인자본 조달 부분에 있어서는 규모가 크고 장기적인 사업인 만큼 다양한 조달처를 확보하는 것이 관건이라 할 수 있다. 국내외 금융기관을 확보하는 것은 물론 국제개발기구의 여신 활용 및 대규모 펀드(인프라펀드 및 사모펀드)를 조성하여 타인자본에 투입하는 방안도 고려가능하다.

한중 해저터널의 공사비를 약 120조 원으로 예상하고 건설비 부담을 50:50으로 추정할 때 약 60조원의 비용을 10년에 걸쳐 분담하는 형태이므로 생각보다는 부담이 크지 않을 수 있다. 중국의 경우는 2008년에만 철도 사업에 3,300억 위안(약 60조 원)이 투자되었는데, 중국 철도부는 향후 3년간 총 1조 8000억 위안(약 360조 원)의 자금을 철도에 투입하는 계획을 갖고 있다. 이와 같은 관점에서 볼 때 양국 정부에서 일정 부분의 재정 투자만 이루어진다면 국내 민간은행과 외국의 유력은행 등이 컨소시엄을 형성하거나, 아시아개발은행, 국제금융공사 등 다자간 개발은행들이 차관 또는 지분참여 형태로 지원하는 등 다양한 투자재원 확보가 가능하여 사업이 원활히 추진될 수 있을 것이다.

2장_동북아시아 국가 간 교통물류 현황

1. 한중 및 한일 간의 교역수준 현황

대중국 교역수준을 살펴보면 우리나라의 대중국 수출은 금액기준으로 2008년 현재 약 913억 달러 수준이며 대중국 수입은 약 769억 달러 수준으로

〈표 2-1〉 대중국 교역수준 현황 (단위: 건, 천 달러)

구분	수출건수	수출금액	수입건수	수입금액	무역수지
2000	431,719	18,505,264	425,152	12,798,728	5,706,536
2001	477,927	18,158,442	508,846	13,302,675	4,855,767
2002	590,088	23,658,023	712,379	17,399,779	6,258,244
2003	704,910	34,898,532	868,555	21,909,127	12,989,405
2004	829,000	49,769,126	1,049,506	29,584,874	20,184,252
2005	919,054	61,911,365	1,292,866	38,648,188	23,263,177
2006	976,813	69,420,121	1,568,877	48,556,675	20,863,446
2007	1,050,126	81,750,388	1,819,452	63,027,802	18,722,586
2008	1,084,754	91,306,542	1,818,625	76,930,272	14,376,270
연평균증감률	12.21	22.08	19.92	25.13	12.24
전년대비 증감률	3.30	11.69	-0.05	22.06	-23.21

주: 출항일 기준임.
자료: 관세청 홈페이지(http://www.customs.go.kr/).

〈표 2-2〉 대일본 교역수준 현황 (단위: 건, 천 달러)

구분	수출건수	수출금액	수입건수	수입금액	무역수지
2000	477,403	20,527,762	839,850	31,827,943	-11,300,181
2001	460,398	16,493,866	774,006	26,633,372	-10,139,506
2002	464,017	15,107,061	883,332	29,856,228	-14,749,167
2003	487,944	17,249,579	916,704	36,313,074	-19,063,495
2004	516,681	21,653,922	972,550	46,144,463	-24,490,541
2005	541,686	23,966,654	983,310	48,403,183	-24,436,529
2006	520,879	26,542,971	989,791	51,926,292	-25,383,321
2007	502,735	26,333,390	1,021,566	56,250,126	-29,916,736
2008	515,924	28,207,742	995,876	60,956,391	-32,748,649
연평균증감률	0.97	4.05	2.15	8.46	14.23
전년대비 증감률	2.62	7.12	-2.51	8.37	9.47

주: 출항일 기준임.
자료: 관세청 홈페이지(http://www.customs.go.kr/).

약 144억 달러의 무역수지 흑자가 발생하고 있다. 2000년대 이후 수출 및 수입금액의 증가율이 매우 높은 수준으로, 우리나라의 대중국 무역 의존도가 높아지고 있음을 알 수 있다.

한일 간의 교역수준을 살펴보면 우리나라의 대일본 수출은 금액기준으로 2008년 현재 약 282억 달러 수준이며 대일본 수입은 약 610억 달러 수준으로 약 327억 달러의 무역수지 적자가 발생하고 있다. 2000년대 이후 수출 및 수입금액이 꾸준히 증가하고 있지만 전반적으로 수입금액의 증가율이 높은 편이다. 이는 향후 우리나라의 수지적자인 대일본 교역구조가 고착화 될 수 있음을 보여주고 있다.

2. 한중 및 한일 간의 여객수송 현황

한중 및 한일 간의 2000년대 이후 항공여객 수송현황을 살펴보면 〈표 2-3〉과 같다. 일본발 및 일본행 항공여객 수는 2007년 현재 각각 약 477만 명과 약 481만 명으로 나타나서 전체 한일 간 항공여객 수는 약 958만 명이다. 2000년대 이후 일본발 여객수보다 일본행 여객수가 근소하게 많음을 알 수 있다. 또한 반대로 중국의 경우에는 중국발 항공여객수가 중국행 항공여객수보다 많음을 알 수 있다. 2007년 중국발 항공여객 수는 472만 명으로 중국행 항공여객 수, 463만 명을 상회하는 것으로 나타났다. 2000년대 이후 한일 간 항공여객 수송실적은 증가하고 있으며 연평균 증가율이 약 4%에 육박하고 있다. 그리고 2007년의 전년대비 증가율은 연평균 증가율보다 높은 약 5% 수준을 나타내고 있다. 그리고 대중국 항공여객 수송실적은 2000년대에 급격하게 증가하여 20%를 상회하고 있으며 2007년의 전년대비 증가율은 28%로 연평균 증가율보다 높은 수준이다. 그리하여 전체 중국관련 항공여객 수는 2000년대 초반에는 일본관련 항공여객수의 30%내외에 불과하였지만 그 이후 크게 증가하여 대등한 수준에 도달하였음을 알 수 있다. 그리고 한중 및 한일 간의 운항편수도 크게 증가하고 있음을 알 수 있다. 한일 간의 운항편수 연평균 증가율은 6%

〈표 2-3〉 한중 및 한일 간의 항공여객수송 현황 (단위: 천 명, %)

구분	일본						중국					
	도착		출발		계		도착		출발		계	
	이용객수	운항편수	이용객수	운항편수	이용객수	운항편수	이용객수	운항편수	이용객수	운항편수	이용객수	운항편수
2000	3,719	16,366	3,730	16,361	7,450	32,727	1,176	7,399	1,134	7,402	2,311	14,801
2001	3,664	18,371	3,716	18,278	7,380	36,649	1,519	10,524	1,477	10,524	2,995	21,048
2002	3,822	19,389	3,858	19,233	7,679	38,622	2,004	14,532	1,975	14,449	3,979	28,981
2003	3,424	18,609	3,449	18,557	6,873	37,166	1,808	13,930	1,806	13,863	3,614	27,793
2004	4,100	20,114	4,110	20,032	8,210	40,146	2,654	19,117	2,634	19,166	5,288	38,283
2005	4,282	22,350	4,310	22,332	8,592	44,682	3,291	23,460	3,282	23,582	6,573	47,042
2006	4,545	24,233	4,592	24,219	9,137	48,452	3,692	30,060	3,629	30,130	7,321	60,190
2007	4,770	24,596	4,811	24,562	9,581	49,158	4,721	41,053	4,625	41,424	9,347	82,477
연평균 증감률	3.62	5.99	3.70	5.98	3.66	5.98	21.96	27.74	22.24	27.89	22.10	27.81
전년대비 증감률	4.94	1.50	4.77	1.42	4.86	1.46	27.88	36.57	27.44	37.48	27.66	37.03

주: 정기 및 부정기 여객을 모두 합산하였으며 transit 승객은 제외하였음.
자료: http://www.airportal.co.kr/main.jsp.

수준이며 한중 간의 운항편수 연평균 증가율은 약 22%에 달하고 있다. 특히 한중 간의 운항편수는 2000년대 초반에는 한일 간의 운항편수에 크게 미치지 못하였지만 2005년에는 한일 간의 운항편수를 상회하여 2007년에는 그 격차가 크게 벌어지고 있음을 알 수 있다. 이는 한중간의 교역 및 투자증대와 관광 및 노동인력 이동에 기인한 것으로 풀이된다.

한중 및 한일 간의 공급좌석과 운송여객수의 관계는 좌석이용률로 설명할 수 있다. 좌석이용률은 (식 1)과 같이 정의된다. 이러한 관계를 이용하면 일본발 및 일본행과 중국발 및 중국행의 좌석이용률이 모두 감소하고 있다. 이는 양국 간의 항공여객 수 증가로 항공사들이 노선과 비행편을 증대시켰기 때문인 것으로 풀이된다. 그리고 일본관련 좌석이용률이 상대적으로 중국관련 좌석이용률보다 높은 것이 특징이다.

중국 및 일본 국적자들이 해운을 이용하여 입출국하는 현황을 살펴보면 중국 국적자들은 대체로 인천항을 이용하고 있으며 일본 국적자들은 부산항

$$\text{좌석이용률} = \frac{\sum_{i=1}^{n} \text{노선별 이용좌석(명)} \times \text{노선별 여객킬로}(km)}{\sum_{i=1}^{n} \text{노설별 공급좌석(명)} \times \text{노선별 여객킬로}(km)} \quad \text{(식 1)}$$

〈표 2-4〉 한중 및 한일 간의 항공여객 좌석 이용률 현황 (단위: 명, %)

구분	일본			중국		
	도착	출발	계	도착	출발	계
2000	88.9	89.1	89.0	64.5	63.0	63.8
2001	78.3	80.3	79.3	63.7	62.4	63.1
2002	80.0	81.5	80.7	62.0	61.0	61.5
2003	76.2	77.0	76.6	61.3	61.3	61.3
2004	83.1	83.3	83.2	65.6	65.7	65.6
2005	79.2	79.8	79.5	69.0	69.3	65.6
2006	79.2	77.4	77.0	62.8	62.8	62.8
2007	78.9	79.7	79.3	62.4	62.0	62.2
연평균 증감률	−1.69	−1.58	−1.64	−0.47	−0.23	−0.36
전년대비 증감률	3.14	−1.58	2.99	−0.64	−1.27	−0.96

주: 정기 및 부정기 여객을 모두 합산하였으며 transit 승객은 제외하였음.
자료: http://www.airportal.co.kr/main.jsp.

〈표 2-5〉 중국 및 일본 국적자의 해운이용 현황 (단위: 명, %)

구분	중국인		일본인	
	부산항	인천항	부산항	인천항
2001	6,164	49,139	365,094	1,574
2002	5,775	38,417	350,429	735
2003	4,030	59,176	328,074	914
2004	2,780	100,192	445,002	854
2005	2,455	173,346	373,287	988
2006	2,658	289,032	317,172	877
2007	2,689	280,041	315,089	528
연평균 증감률	−12.91	33.65	−2.43	−16.64
전년대비 증감률	1.17	−3.11	−0.66	−39.79

자료: 출입국·외국인 정책본부 홈페이지(http://www.immigration.go.kr/).

〈표 2-6〉 대중국 화물수송 현황

(단위: 톤, %)

구분	해운		항공		전체	
	수출	수입	수출	수입	수출	수입
2000	26,680,255	50,622,845	38,152	49,333	26,718,407	50,672,178
2001	30,342,771	51,355,413	41,819	48,443	30,384,590	51,403,857
2002	27,985,635	60,449,026	54,786	71,332	28,040,421	60,520,359
2003	35,255,270	70,872,822	73,354	91,963	35,328,624	70,964,786
2004	40,527,955	62,822,705	90,172	125,721	40,618,127	62,948,427
2005	39,808,231	68,908,276	105,719	161,807	39,913,950	69,070,084
2006	43,433,689	69,580,380	112,438	206,295	43,546,127	69,786,676
2007	44,446,365	77,384,824	149,917	258,264	44,596,282	77,643,089
2008	44,003,975	71,965,050	166,731	245,810	44,170,706	72,210,861
연평균 증감률	6.45	4.50	20.24	22.23	6.49	4.53
전년대비 증감률	-1.00	-7.00	11.22	-4.82	-0.95	-7.00

자료: 관세청 홈페이지(http://www.customs.go.kr/).

〈표 2-7〉 대일본 화물수송 현황

(단위: 톤, %)

구분	해운		항공		전체	
	수출	수입	수출	수입	수출	수입
2000	29,998,351	14,594,137	163,038	161,229	30,161,389	14,755,367
2001	26,518,728	17,642,790	173,941	138,480	26,692,669	17,781,270
2002	23,494,384	21,848,987	173,253	157,843	23,667,637	22,006,830
2003	22,540,991	22,310,700	167,330	168,427	22,708,321	22,479,127
2004	23,582,180	25,155,145	175,598	191,178	23,757,778	25,346,324
2005	23,892,889	25,657,330	158,283	191,085	24,051,172	25,848,416
2006	24,686,985	28,388,163	141,718	199,261	24,828,703	28,587,424
2007	22,869,380	30,876,975	144,640	197,397	23,014,020	31,074,372
2008	25,254,845	29,267,502	139,320	166,207	25,394,165	29,433,710
연평균 증감률	-2.13	9.09	-1.95	0.38	-2.13	9.02
전년대비 증감률	10.43	-5.21	-3.68	-15.80	10.34	-5.28

자료: 관세청 홈페이지(http://www.customs.go.kr/).

을 이용하고 있음을 알 수 있다. 중국 국적자들의 인천항 이용실적을 제외하면 대체로 항공실적의 증가와 함께 양국 국적자들의 해운이용실적은 대체로 감소하고 있음을 알 수 있다.

3. 한중 및 한일 간의 화물수송 현황

대중국 화물수송실적을 살펴보면 2008년 현재 우리나라의 대중국 수출물동량이 약 4,417만 톤으로 나타났으며 해운 및 항공물동량이 각각 약 4,400만 톤과 16만 7천 톤으로 나타났다. 2008년 현재 대중국 수입물동량은 약 7,221만 톤이며 해운 및 항공물동량이 각각 약 7,197만 톤과 24만 6천 톤으로 나타났다. 전반적으로 수입물동량이 수출물동량을 크게 상회하고 있음을 알 수 있다. 이는 우리나라와 중국의 교역구조로 인하여 중국이 원자재 수출을 주로 하는 관계로 대중국 수입품이 중후장대한 특성을 따르는 것으로 풀이된다.

2000년대 이후 우리나라의 대중국 수출과 수입 물동량은 전체적으로 증가하는 추세이지만 2008년에는 세계적인 금융위기로 인하여 전년대비 수출 및 수입 물동량이 감소하고 있다. 2000년대 이후 항공을 이용한 화물운송이 해운에 비해 크게 증가하고 있는 것도 대중국 교역의 특징이라 할 수 있다.

대일본 화물수송실적을 살펴보면 2008년 현재 우리나라의 대일본 수출 물동량이 약 2,539만 톤으로 나타났으며 해운 및 항공 물동량이 각각 약 2,525만 톤과 13만 9천 톤으로 나타났다. 2008년 현재 대일본 수입 물동량은 약 2,943만 톤이며 해운 및 항공 물동량이 각각 약 2,927만 톤과 16만 6천 톤으로 나타났다. 전반적으로 2000년대 초반에는 수출 물동량이 수입 물동량을 상회하였지만 2004년 이후에는 수출 물동량이 수입 물동량에 미치지 못하고 있다. 이는 2000년대 이후 자동차 등 내구성 소비재의 대일본 수입이 증가한 것으로 볼 수 있다.

〈그림 2-1〉 대일본 교역물동량 대비 대중국 교역물동량 비중[1)]

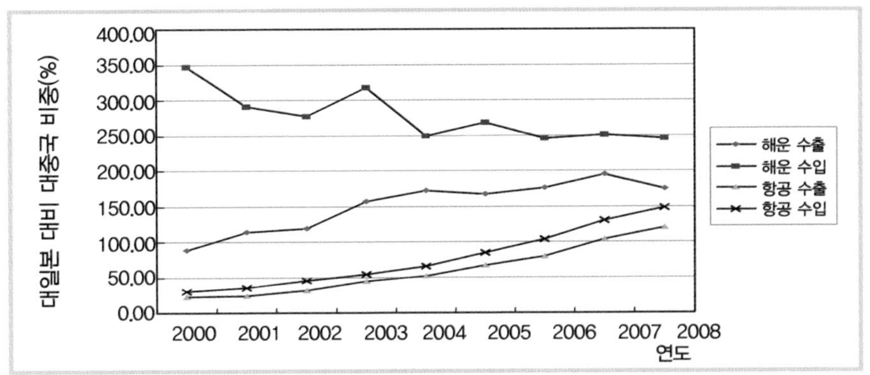

2000년대 이후 우리나라의 대일본 수출 물동량은 감소하는 추세이며 대일본 수입 물동량은 증가하는 추세이다. 그러나 2008년에는 그러한 추세가 다소 약화되고 있음을 알 수 있다.

대일본 교역과 대중국 교역을 비교하면 2000년 해운수출을 제외하고 대중국 해운 교역이 대일본 교역을 상회하고 있다. 항공의 경우에는 2005년까지 대중국 교역이 대일본 교역에 미치지 못하였지만 2007년부터는 대중국 교역이 대일본 교역을 상회하고 있다. 이는 한국과 중국의 교역구조가 점차 다품종 소량위주로 변화하고 있음을 나타내는 증거로 볼 수 있다.

대중국 및 대일본 교역현황을 좀 더 살펴보기 위하여 교역금액을 수송량(물동량)으로 나눈 단위가격(달러/톤)을 이용할 수 있다. 대일본 교역에서 우리나라 수출품의 단위가격은 2000년 이후 꾸준히 증가하고 있지만 대일본 수입품의 단위가격의 절반 수준에 머무르고 있음을 알 수 있다. 이는 우리나라의 대일본 수출품이 대일본의 수입품에 비하여 부가가치가 낮은 편임을 알 수 있다. 즉 대일본 수입품이 주로 경량이며 고가임에 비하여 우리나라의 대일본 수출품은 저가이며 중량의 제품임을 알 수 있다.

1) 해운과 항공을 포함한 전체 물동량을 이용한 비교는 해운부문 비교와 유사하여 생략함.

〈표 2-8〉 대중국 및 대일본 단위가격 현황 (단위: 달러/톤)

구분	대중국		대일본	
	수출	수입	수출	수입
2000	692.60	12.77	680.60	2,157.04
2001	597.62	258.79	617.92	1,497.83
2002	843.71	287.50	638.30	1,356.68
2003	987.83	308.73	759.61	1,615.41
2004	1,225.29	469.99	911.45	1,820.56
2005	1,551.12	559.55	996.49	1,872.58
2006	1,594.17	695.79	1,069.04	1,816.40
2007	1,833.12	811.76	1,144.23	1,810.18
2008	2,067.13	1,065.36	1,110.80	2,070.97
연평균 증감률	14.65	19.71	6.31	-0.51
전년대비 증감률	12.77	31.24	-2.92	14.41

자료: 관세청 홈페이지(http://www.customs.go.kr/).

한편 대중국 교역의 단위가격은 이와 반대 현상을 보이고 있는데 우리나라의 대중국 수출품의 단위가격이 대중국 수입품 단위가격의 2배에 달하고 있음을 알 수 있다. 그러나 대중국 수입품 단위가격이 2000년대 이후 크게 증가하고 있음을 알 수 있으며 이는 대중국 수입품 부가가치가 크게 증가하고 있음을 의미하고 있다.

대중국 교역품과 대일본 교역품의 단위가격 비중을 살펴보면 2001년을 제외하고 우리나라의 대중국 수출품의 단위가격이 대일본 수출품의 단위가격을 크게 상회하고 있음을 알 수 있다. 이는 대중국 수출에 비하여 대일본 수출이 저가이며 중후장대한 품목임을 나타내고 있다. 그러나 대중국 수입품의 단위가격은 대일본 수입품의 단위가격에 크게 미치지 못하고 있는데 이는 대중국 수입품이 대일본 수입품에 비하여 중후장대하며 가격이 낮은 원자재임을 나타내고 있다.

〈그림 2-2〉 대일본 교역 단위가격 대비 대중국 교역 단위가격 비중

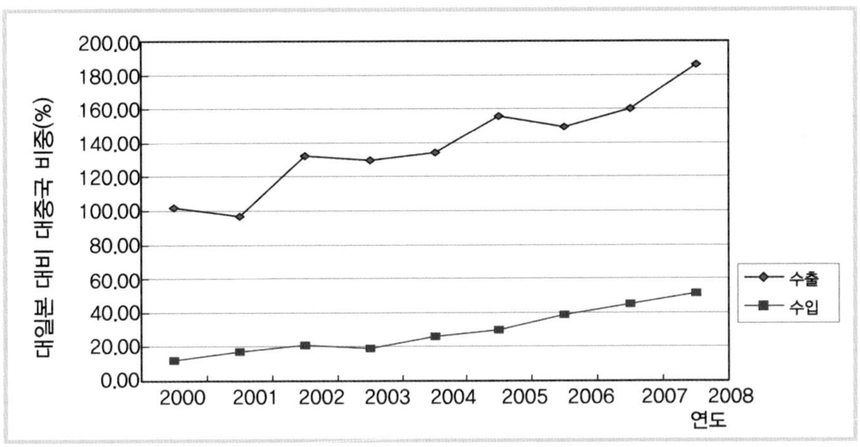

4. 한·중·일 간 교통물류 협력방향

1) 협력의 과제

교통·물류 부문의 협력은 WTO 협정의 하나인 「서비스무역에 관한 일반협정(GATS)」에서 일부 다루어지고, 구체적인 사안에 대해서는 양자 간 또는 다자간 협정에 따르는 경우가 일반적이라 할 수 있다. 철도망은 남한뿐만 아니라 동북아 통합 철도운송망의 관점에서 남북을 연결하여 TCR 및 TSR과 연계한다는 관점에서 네트워크를 구상해야 한다. 이를 위해 중국, 러시아, 몽골, 중앙아시아 국가 등의 대륙국가와 일본 등과 긴밀한 협력체계를 구축하여 철도·교통관련 장관회의, 철도 담당공무원 및 전문가의 교류, 철도관련 양자간·다자간 협정을 체결하는 노력을 기울여야 한다. 이를 위해 ESCAP, ASEM 등 국제기구 및 지역협의기구에 적극 참여하여 각국에 대해 인식을 제고해야 하며, SMGS 등 국제철도운송과 관련된 국제협약 가입도 추진해야 한다.

시설측면에서는 물류인프라 및 연계운송체계를 확충하고 주요 거점을 연계하는 운송시스템과 물류인프라를 완비해야 하며, 이러한 하드웨어뿐만 아니라 법적, 제도적, 기술적인 소프트웨어를 갖추어야 한다. 물류시장측면에서는 선진 외국과는 달리 우리나라는 제3자 물류시장이 아직 도입단계에 있는 실정으로 제3자 물류 및 아웃소싱(outsourcing)의 활성화를 통한 복합운송 활성화 노력이 필요하다.

향후 북한지역으로 교통망 연결이 구체화될 경우 국경에서 화물 및 승객, 차량 등의 원활한 이동을 위한 각종 국제조약에의 가입 또는 동향 파악이 필요하다. 한국, 일본, 중국 등은 현재까지 이러한 국가 간 조약의 참여가 상당히 제한적이었다고 할 수 있다. 동북아 지역의 원활한 물류수송을 위해서는 앞으로 복합운송체제 구축을 위한 관련 국가 간 협의와 국경통과의 원활화를 위한 동북아지역 내 국가 간 협정 개발의 추진이 요구된다.

2) 협력의 기본방향

한·중·일 간 교통·물류부문 협력체계 구축을 위해서는 다자간 협의기구가 요구된다. 항공과 해운부문에서는 3국간, 혹은 북한을 포함한 4자간 협의기구가 필요하며, 육상교통 부문은 한국, 중국, 북한의 3자간 협의기구가 요구된다. 이를 통해 협력의 장애요인이 되고 있는 법적·제도적 문제들을 협의, 조정하여야 할 것이다.

육상운송 부문에서는 남북한 및 중국이 참가하는 교통장관 회의 설치를 검토할 필요가 있다. 이 회의에서는 관련 국가 간의 육상교통망 관련 현안의 협의 및 조정, 공동의 이익을 위한 교통망 구축문제 등이 협의될 수 있어야 한다. 예를 들어 유럽의 교통장관회의인 ECMT는 운송부문의 초국가적 기구로서 유럽지역 운송의 합리적 발전 및 활성화에 관한 모든 조치를 연구하고 제안하는 역할을 수행하고 있다.

한·중·일 교통협력을 위해서는 국제기구를 통한 협력체계를 강화할 필요가 있다. UNESCAP 아시아육상교통기반시설개발계획(ALTID Project), UNDP의 두만강지역개발프로그램(TRADP), WTO에서의 운송서비스분야 자유화,

OECD를 중심으로 한 한국과 일본의 해운위원회의 참가, APEC 교통부문의 Working Group 회의 등 이러한 기존의 국제기구를 통해 한·중·일은 상호 협력을 강화해 갈 필요가 있다. 한·중·일 간의 교통 물류 협력이 이러한 국제기구의 틀 안에서 이루어질 경우, 향후 쌍무협정이나 다자간 협정이 성사될 가능성이 높다.

3장_국내외 해저터널의 현황

1. 국내외 해저터널 현황

1) 국내외 해저터널 현황

운송수단별로 해저터널을 분류하면 도로전용터널(이스턴하버 터널), 철도전용터널(유로터널, 세이칸 터널), 도로/철도 병용터널(외레순 터널) 3가지로 분류할 수 있다. 하지만, 이를 자세히 들여다보면 해저거리 10km 미만에서는 도로터널 및 도로/철도 병용터널로 구성되어 있고, 유로터널과 세이칸 터널처럼 초장대 터널의 경우에는 철도전용터널로 구성되어 있다. 국내외의 해저터널 현황을 정리하면 〈표 3-1〉과 같다.

〈표 3-1〉 국내외 해저터널 현황

터널명	국가	총길이(Km)	해저통과 길이	공사기간	공사비	굴착방식	수송방식
세이칸 터널	일본	53	23	1964~1988	70억 달러	NATM	철도전용
동경만 터널(아쿠아라인)	일본	15.1	9.5	1985~1997	15조 원	쉴드 TBM	도로전용
외레순 터널	덴-스	16	4.05	1995~2000	150억 달러	침매공법	철도/도로
유로터널	영-프	50.45	38	1987~1994	30억 DKK	쉴드 TBM	철도전용
이스턴하버 터널	홍콩	2.2	1.9	1986~1989	22억 HKD	침매공법	철도/도로
웨스턴하버 터널	홍콩	2	1.36	1993~1997	57억 HKD	침매공법	도로전용
보스포러스 터널	터키	14.6	5.4	건설 중	10억 달러	침매공법	도로전용
부산~거제 간 연결도로	한국	8.2	3.6	건설 중	2조 원	침매공법	도로전용

〈그림 3-1〉 세이칸 터널의 개요

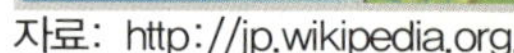

자료: http://jp.wikipedia.org.

2. 운영 중인 터널 개요

1) 세이칸 해저터널

일본의 혼슈섬과 북쪽 홋카이도를 연결하는 철도 터널로서 츠가루(Tsugaru) 해협의 해저부분을 관통하는 터널이다. 본 해협은 수심이 깊고 해류가 빠르기 때문에 교각건설이 불가능하였고 해상의 기상변화 등에도 안전한 해저터널을 건설하게 되었다.

터널의 총길이는 53.85km이며 해저구간이 23.30km로 세계에서 가장 긴 터널이다. 최대수심은 140m, 최소피복층 두께는 100m였다. 1964년부터 조사갱의 굴착에 착수하여 1971년에 조사를 완료했다. 본갱은 높이 7.85m×폭 9.7m의 복선터널이며 선진도갱의 크기는 높이 3.07~4m×폭 5.0m 였다. 수직갱의 깊이는 190~200m 였다.

해저지질은 혼슈 쪽은 제3기 안산암, 중앙부는 흑색경질 셰일, 홋카이도 쪽으로 가면 사질이암과 박층의 응회암, 일부 고결도가 낮은 사질암층으로 되어 있다. 해상조사시 츠카루 해협의 수심이 140m로 깊고 조류의 속도와 기상조건이 나빠 많은 어려움이 있었으나 선진도갱 및 막장전방 선진시추를 통하여 지질상태를 파악할 수 있었다. 시공기간은 1964년 3월부터 1985년 3월까지였으며 총공사비는 6,900억 엔이 투입되었고 1988년 3월 13일에 개통되었다. 해저터널 내에는 2개의 해저역사가 있다. 총 공사기간은 당초 예상

〈그림 3-2〉 세이칸 터널 지질도

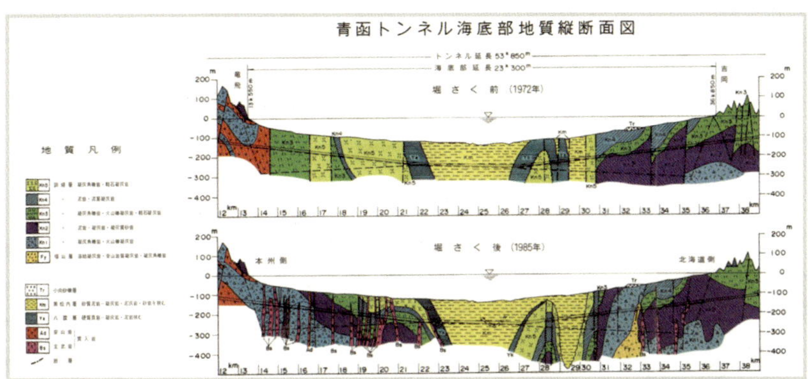

〈그림 3-3〉 세이칸 터널 개념도

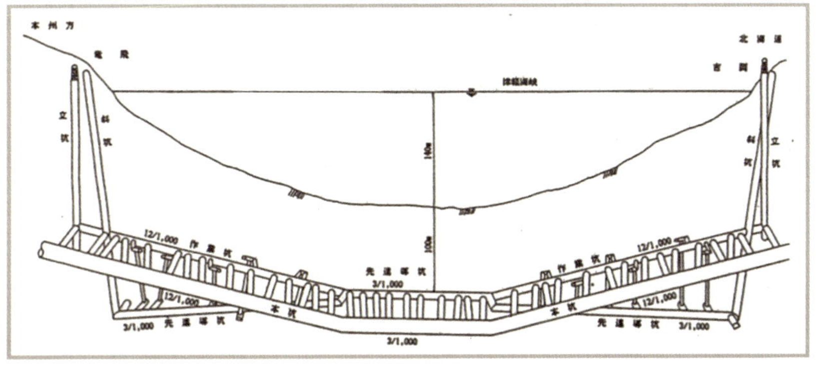

한 10년에서 15년이 늘어난 24년이 소요되었다. 공사기간 중 33명이 사망한 최고의 난공사였다.

시공은 먼저 파이롯 터널을 양편으로 시공 후 주 터널에 접근하도록 서비스터널을 건설하고 본 터널 굴착공사에 착수하였다. 재래식 굴착공법을 적용하였으며 주 터널은 240m 해저에 3층 높이로 시공되었다. 1976년 공사기간 중 연암발파 시 1분당 80톤의 해수가 유입되어 터널 내부 전체가 유실되는 사고가 발생하였다. 공사기간 중 동원한 인력은 13,800,000명이며 굴토한 토량은 6,330,000㎥, 사용한 화약은 2,860톤, 투입한 철근양은 168,000톤, 콘크리트 양은 1,740,000㎥ 이었다.

〈그림 3-4〉 영불해저터널 노선 및 종단면도

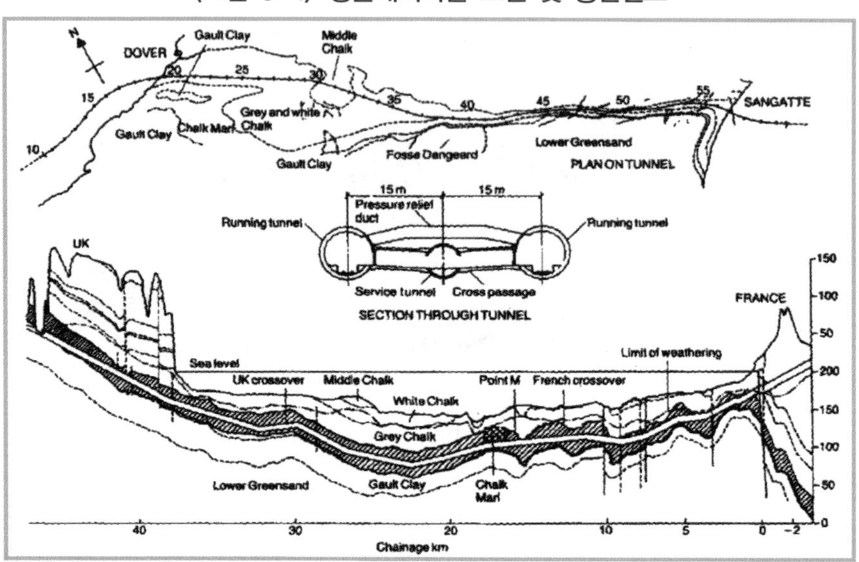

2) 영불해저터널

영국과 프랑스 해협을 연결하는 터널(영국 Folkestone~프랑스 Calais)로서 총 길이는 50.45km 중 해저부분의 길이는 38km이다. 최대수심은 55m, 최소피복 층두께는 40m이다. 터널은 평균수심이 40m인 해저에 위치하고 있다.

영불해협 바다 밑의 지반조사는 100년이 넘도록 수행되었으며 지난 30년간 100개 이상의 시추공에 의한 지반조사를 통하여 최적의 영불해협터널 노선 선정을 할 수 있었다. 영국과 프랑스 쪽의 지질구조는 국부적인 변화는 있으나 대체적으로 균일하여 연속성을 가지고 있다. 영불해협 바다 밑의 지반은 White chalk, Gray chalk, Blue chalk, Gault clay 층으로 되어 있는데 교질 암석층인 Gray chalk층은 지하수의 흐름이 양호하고 Gault clay 층은 초 연약층으로 높은 수압에 의하여 팽창하는 특성을 지녀 구조물의 중량을 견기기 어렵기 때문에 장대터널 지반으로는 부적합하였다. 터널굴착공사의 대부분이 chalk marl(백악기 이회토)에서 이루어졌다. 본갱착공에서 관통까지는 3년 7개월, 1994년 5월 6일 개통까지는 6년 6개월이 소요되었다. 터널은 처음엔 공사비 70억 달러를 책정하였으나, 난공사인 해저 암반 굴착과 공사기간 연장 등 난항 끝에 2배가 늘어난 150억 달러나 소요되었다. 터널 내 운행 최고속도는 160km/h 이다. 사업주체인 유로터널社(영불 민간컨소시엄)는 건설준공 후 운영, 유지권한을 착공시점부터 위임받아 관리한 후 2052년에 양국정부에 소유권을 넘겨줄 예정이다. 해저터널은 2개의 철도터널과 그 사이에 위치한 하나의 서비스터널 등 3개의 터널로 되어 있다. 양편의 철도 터널은 영국과 프랑스 양국의 철도 및 도로와 연결되며 중앙 서비스 터널은 두 터미널 사이에 주로 자동차 등 화물 운송을 담당하고 있다. 철도로 이용되는 2개의 터널은 직경이 7.6m로 각각 한 개의 철로가 설치되어 있고, 직경이 4.8m인 서비스터널은 특별히 유선 유도시스템을 갖추고 있다. 3개의 터널은 375m 간격으로 연결통로가 설치되어 있어 유사시 이 통로를 이용하여 서로 접근할 수 있다. 이 통로는 환기 통로 및 터널 보수관리 목적으로 이용되고 있다. 또한 200m 간격마다 3개의 터널을 연결하는 닥트가 설치되어 공기 압력을 조절하고 있다. 서비스 터널을 철도 터널보다 앞서 시공함으로써 양편 터널과의 균형문제 그리고 지질의 상태 등을 사전에 파악하여 문제들을 사전에 대처할 수 있도록 하였다.

3) 외레순 해저터널(Øresund Tunnel)

덴마크 수도 코펜하겐과 스웨덴의 3번째 큰 도시인 말뫼를 연결하는 대형 도로건설사업에는 교량과 침매터널로 구성되어 있다. 4.05km의 해저터널, 4km의 인공섬, 그리고 주 경간 거리가 490m 인 현수교를 포함한 8km의 교량으로 구성되어 있으며 1995년 착공하여 2000년 7월 1일에 개통되었다.

총공사비 약 4조 8천억 원을 투입, 바다 한가운데 인공섬을 조성하였으며 이 섬을 중심으로 말뫼 쪽으로는 자동차 전용도로(길이 7.8km, 왕복 4차선)와 철도가 위아래로 설계된 2층짜리 다리가 건설되어 있고, 코펜하겐 쪽으로는 왕복철도와 왕복2차선 도로가 건설된 해저터널이 연결되어 있다.

세계에서 제일 긴 침매터널로 덴마크 쪽 600m 폭의 드로겐해협(Drogden Channel)의 수심 10m 하부에 건설되었다. 터널은 전장 3.5km, 8개의 세그먼트

〈그림 3-5〉 외레순 터널 종단면도 및 인공섬

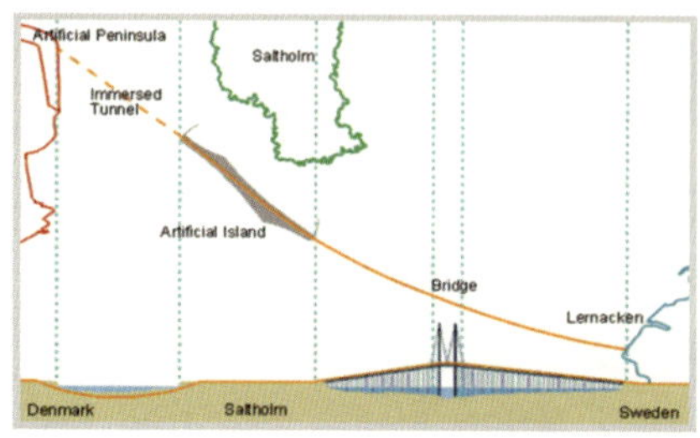

〈그림 3-6〉 외레순 터널 침매터널 단면도

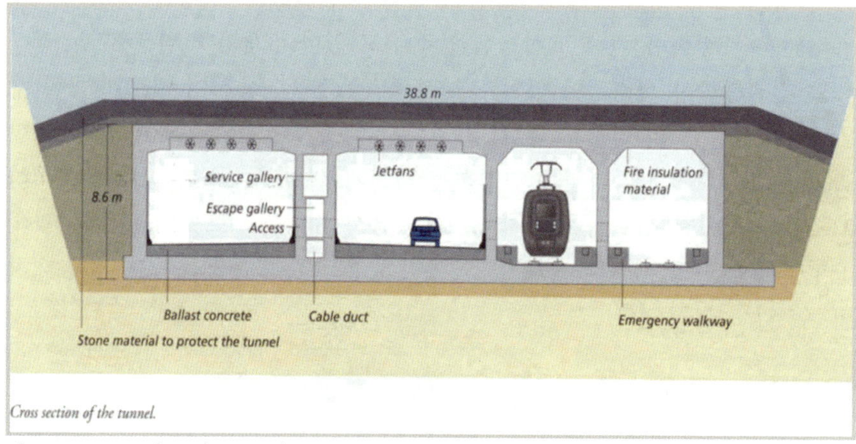

Cross section of the tunnel.

자료: The tunnel(2001), The Øresund Technical Public Actions.

로 분할되어 제작되는 침매함(176m×38.8m×8.6m) 20개와 양측의 갱구부, 포탈(portal) 2기로 구성되어 있다. 철도구간에는 양편에 비상통로가 있으며 88m 마다 비상문이 있다. 도로용 터널의 중앙에는 1개의 서비스터널이 있으며 비상시에는 비상탈출로로 이용된다. 88m 마다 철도구간과의 연결통로가 있다. 교량 내에는 110km/h, 터널에서는 90km/h 기준으로 설계되었다.

〈그림 3-7〉 동경만 해저터널의 노선도 및 현황

〈그림 3-8〉 동경만 해저터널 단면도

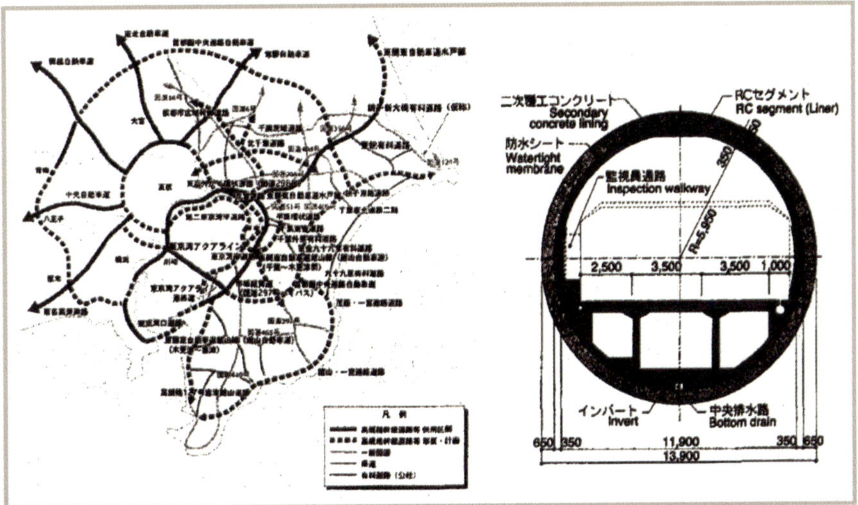

4) 동경만 해저터널

동경만 아쿠아라인 건설사업은 1966년 4월에 착공하여 1997년 12월 18일에 완성한 초대형 프로젝트로서 민간, 지방공공단체, 일본도로공단이 출자한 회사(동경만횡단도로주식회사)가 건설·관리를 하고 있는 1조 4천억 엔이 든 대형 공공도로사업이다.

동경만을 관통, 카나가와현의 가와사키에서 지바현의 기사라즈까지 연결된 도로로서 4차선으로 설계속도 80km/h 이다. 총 길이 15.1km 중 동경만을 항해하는 90% 이상의 배가 통과하는 가와사키 쪽의 9.5km는 해저터널(폭 13.9m)로 했고, 비교적 수심이 얕은 기사라즈 쪽 4.4km는 교량으로 했다. 터널의 중앙부와 터널과 교량의 접속부는 두 개의 인공섬을 만들어 연결하고 있다. 인공섬에는 480대의 차량을 주차할 수 있는 주차장과 매점, 식당 커피숍 등이 있다.

해저터널굴착에는 심도 60m, 해저면 15m 아래를 6기압에 달하는 고수압, 연약지반의 조건하에서 막장안정과 지수를 위해 직경 14.14m, 중량 3,200톤 원통밀폐형 대구경 쉴드기계를 사용하였다. 해저터널 안에는 비상시를 대비한 여러 가지 안전시설물들이 있다.

5) 홍콩 해저터널

(1) 크로스 하버(Cross Harbour) 터널

홍콩섬과 Kowloon을 잇는 첫 해저터널(침매터널)로서 1972년 개통되었다. 터널건설 전까지의 통행은 페리(ferries)로만 가능했다. 1일 평균 차량 통행량은 121,700대이다. 터널은 왕복 2차선이며 터널의 길이는 1.6km이며 침매함(114m×22.16m×11.0m) 15개로 구성되어 있다. 터널바닥까지의 심도는 28m 이다.

(2) 이스턴 하버(Eastern Harbour) 터널

크로스하버터널의 극심한 혼잡으로 인하여 홍콩에서 추가로 건설된 2번째 해저터널로서 1986년 8월에 착공 1989년 9월에 준공한 1,899m 길이의 침매터널이다. 침매함은 모두 15개 (122m×35m×9.5m 크기 10개; 128m×35m×9.5m 크기 4개, 126.5m×35m×9.5m 크기 1개)로 구성되어 있다. 터널바닥까지의 심도는 35m이다. 현재 3개의 빅토리아 항구 해저로 연결되었다. 터널 내에는 5개 분리구간이 있는데, 도로용 2개 구간, 철도용 2개 구간, 환경·전기 설비용 1개 구간으로 되어 있다. 총 투자비 홍콩달러 22억은 100% 민자 유치하였다. 1일 평균

〈그림 3-9〉 홍콩의 해저터널

Cross Harbour tunnel	
Eastern Harbour tunnel	
Western Harbour tunnel	

차량 통행량은 약 73,500대이며 향후 추가 터널을 1개 신설할 계획이다. 터널 관리는 'New Hongkong Tunnel Co.'가 2016년 까지 통행수입으로 운영하기로 정부와 계약되어 있다. 이 회사는 현재 242명의 임직원으로 구성되어 터널의 일상관리를 비롯한 기술적인 부분까지 총망라하여 관리하고 있다. 터널내부의 안전성을 고려하여 위험물질의 사전 출입 검사, 차량배기 가스의 엄격한 통제, 정기적 장비의 점검, 1일 터널내부 청소로 청결하고 안전한 터널환경을 유지하고 있다.

(3) 웨스턴 하버(Western Harbour) 터널

홍콩에서 수송부분의 최고 금액 민자투자 프로젝트로서 1993년 8월 계약 후 1997년 4월에 준공되었다. 터널 순수 공사비 홍콩달러 57억을 포함하여 총 공사비는 70억 달러가 투입되었으며 터널 관리회사인 Western Harbour 회사는 공사기간을 포함한 30년에 걸친 운영수익으로 투자비를 상환하게 된다. 두 개의 터널은 각각 3차선으로 이루어져 있으며 1일 평균 통행량은 39,200대, 터널 내구수명은 120년으로 설계되었다. 터널길이는 양편 입구 길이를 포함하여 2,000m이지만 순수한 터널 길이만은 1,363.5m이다. 터널 내 사고발생시 터널 직원의 접근 3분내, 사고차량 정리 6분 내로 표준을 정하여 관리에 임하고 있다. 터널 시공은 침매공법을 사용하였는데 터널로 사용할 콘크리트 침매함(113.5m×33.4m×8.57m)을 육상에서 제작하여 해저에 설치하고 각 침매함의 접착 부위는 고무 가스켓을 사용하여 연결시킨 후 터널주위를 모래와 암석으로 덮어 터널을 완성하였다. 터널바닥까지의 심도는 33.4m이다.

4장_해저터널 건설 시 고려해야 할 기술요소

1. 터널시공방법

1) 터널의 정의와 분류

일반적으로 터널은 지표 하에 축조하여 도로나 공간으로 이용하는 지하 구조물로서 단면적이 2㎡ 이상인 시설물을 말한다. 터널은 건설되는 장소와 환경에 의한 분류와 용도에 따른 분류로 구분할 수 있다. 건설되는 장소와 환경에 의한 분류에는 산악터널, 도시터널, 수저터널이 있다. 용도에 따른 분류에는 도로·철도 등의 교통용 터널, 하수·상수·하천 등의 수로용 터널, 전력, 통신 등의 도시시설용 터널, 석유, 식료, 물 등의 비개용 터널이 있다.

2) 터널시공 공법 검토

터널은 굴착방식, 수송형식, 배수여부, 환기방식 등 여러 가지 기준으로 분류할 수 있겠지만, 여기서는 터널시공의 가장 어려운 부분이며 터널기술의 핵심인 굴착방식에 따라 터널을 구분할 수 있다. 해저터널을 시공할 수 있는 공법으로는 크게 Drilling and Blasting 공법, TBM(Tunnel Boring Machine) 공법, 침매공법(沈埋, Immersed Tunnel) 등으로 나눌 수 있다. 세이칸 터널은 Drilling and Blasting 공법으로 굴착되었으며, 유로터널은 TBM을 사용하여 굴착하고 터널의 측면에 콘트리트로 된 쉴드를 설치하여 건설하였다.

(1) Drilling and Blasting 공법(NATM 공법)

① 개요

이 공법은 발파에 의하여 굴착을 하는 공법이며, 대표적인 공법은 세이칸 터널에서도 적용된 NATM(New Austrian Tunnel Method) 공법이다. NATM(New

〈그림 4-1〉 터널 막장

〈그림 4-2〉 터널 시공모습

Austrian Tunneling Method) 공법은 터널의 파괴가 전단파괴에 기인한다는 이론에서 정립된 공법으로서 오스트리아의 라브세비치(Rabcewicz)에 의하여 처음으로 암반 터널 시공에 관한 굴착과 지보방법의 기본적인 개념이 체계화되어 1960년대초에 NATM 공법으로 소개되었다. NATM 공법은 터널 굴착 후 초기에 1차 지보재(Shotcrete)를 타설하여 원지반 암반의 거동을 조기에 정착시키고 Rock Bolt를 설치하여 주변 지반이완 방지 및 암반간의 봉합효과 등을 기대하며 설치된 계측기의 계측결과를 분석하여 2차 지보재의 설치 등을 판단하면서 경제적이고 안정된 터널을 설치하는 공법이다. 즉, 암반이 스스로 지니고 있는 자체의 원지반의 지지력을 이용하여 Rockbolt로 고정한 후 Shotcrete와 지보재로 보강하여 지반을 안정시킨 후 굴착하는 방식이다. 시공순서는 아래와 같다.

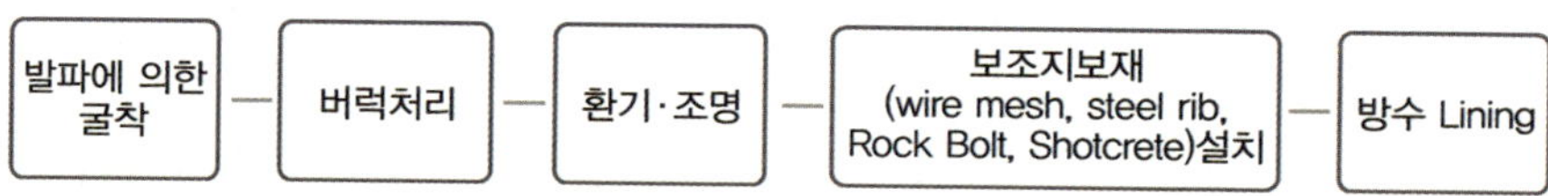

② 원리

이 공법의 특징은 암반이 스스로 지니고 있는 자체 원지반의 지지력을 이용하여 락볼트(rock bolt)로 고정한 후 숏크리트(shotcrete) 등으로 보강하여 지반을 안정시킨 후 터널을 굴착하는 방식이다. Tunnel의 원지반 굴착 시 응력과 변형관계는 시간의 함수로서 탄성영역 ⇒ 강도약화영역 ⇒ 이완영역 순으로 진행되는데 재래식공법은 이완영역을 허용하고, 이완된 지반에 작용하는 하중을 강지보공 및 콘크리트 라이닝으로 지지해 주는데 반해 NATM공법은 탄성영역 내에서 Rock Bolt와 Shotcrete를 시공함으로써 원지반의 이완을 방지하고 지지력을 증대시켜 별도의 지보공 없이 원지반이 지보의 역할을 하도록 한 것이다.

③ 특징

이 공법의 장점으로는 발파를 통하여 굴착하므로 지반조건이 경암인 구간에서도 가능하며 다른 터널공법보다 상대적으로 공사비가 저렴하다. 하지만, 발파 후 버럭처리 과정에서 많은 시간이 소요되어 굴착속도가 느리다. 또 대규모 파쇄대를 만났을 경우 배수 및 차수에 대한 적절한 조치가 필요하다. 해저터널의 경우 차수가 제대로 이루어지지 않을 경우 무한한 양의 침투수가 발생하기 때문에 이 문제를 극복하기 위해서는 심도있는 검토가 필요하다. 또 터널을 굴착할 때 적정량의 토피를 두어야 하므로 터널의 굴착 깊이가 깊어진다.

이 공법은 지질의 변화에 대응하기 쉽고 팽창성 원지반, 토사원지반, 암반에서도 시공이 가능하며 지질이 복잡하게 변화하는 장대터널에서도 즉시 변경이 간단하다. 또한 계측결과에 의하여 지보의 규모를 결정하므로 경제적인 시공이 가능하며 막장의 지반 변화 점검이 가능하고 단면형상 조정이 용이할 뿐만 아니라 장비가격이 싸고 초기 투자비가 적어 경제적이며 터널의 구배 및 곡선반경에 제약이 없다. 하지만 발파로 인해 갱내 작업환경이 불량하며 진동으로 인한 민원의 발생 소지가 많고 여굴이 많아 여굴에 따른 추가 공사비가 발생하는 단점이 있다. 또한, 인력에 의한 작업공정이 다수 포함되어 있으므로 추진속도가 느려 공기가 많이 소요된다.

(2) Shield-TBM (Tunnel Boring Machine)

① 개요

TBM 공법은 기계화 터널 시공법의 일종으로 터널 굴착 단면에 있는 원형

〈그림 4-3〉 쉴드TBM 장비

〈그림 4-4〉 쉴드TBM 시공도

보링머신을 사용하여 굴진하고 미리 제작된 세그먼트(Segment)를 조립하여 터널을 자립시키는 공법이다. 터널 단면의 외경보다 약간 큰 강재의 터널 굴착기인 쉴드를 사용하여 지반토사를 수평으로 굴진하면서 굴착한 후 구조물이 되는 복공부재(콘크리트 세크먼트)를 후방에서 조립하여 설치하고, 이 복공부재를 반력으로 활용하여 추진잭으로 쉴드를 전진시키면서 터널 구조물을 완성하는 공법이다.

② 원리

커터헤드를 통해 지반을 굴착해 나가면서 굴착 직후의 내공변위는 쉴드를 통해 억제하고 후방에서 콘크리트 세그먼트를 조립, 설치하여 구조물을 완성해 나가는 방법이다. 설치된 콘크리트 세그먼트는 터널 구조물인 동시에 쉴드를 전진시키기 위해 반력을 얻기 위한 구조물로 사용된다.

③ 특징

쉴드의 직경에 의해 단면이 정해지고 쉴드에 의해 변위를 억제하므로 정밀한 시공이 가능하며 발파진동이 없으므로 구조물의 근접시공에 유리하다. 정밀시공이 가능하므로 여굴을 최소화 할 수 있으며 굴착에 의한 분진의 발생이 적으므로 작업환경이 좋다. 또한 작업이 일정한 패턴으로 시행되므로 숙련도가 높으며 작업공정의 관리가 용이하다. 쉴드 자체의 지지효과로 낙반이나 막장의 붕괴로 인한 사고가 없다. 하지만 장비가 대형이므로 곡선반경에 제약이 있으며 분할시공이 불가능하고 예상되지 않은 지반 조건의 변화에 대한 대처가 용이하지 않다. 특히, 지층이 변화되는 구간(특히 연암과 경암의 경계지역)에서는 커터 헤드를 교체하여야 하므로 공기 지연이 발생할 수 있는 가능성이 있다. 또한 장비가 고가이므로 초기 투자비가 크다. 토피가 1.5D~3D정도 확보되면 되므로 굴착깊이를 낮게 할 수 있지만 연약지반의 경우에는 6D 이상을 확보해야 하는 경우도 있다. 당초 연약지반에 사용되는 공법이었지만, 현재 기술이 발달함에 따라 경암에서도 굴착할 수 있는 TBM 장비가 개발되고 있다. 유로터널의 경우 30년 동안의 철저한 지반조사를 통하여 비교적 연약한 지반인 chalk층의 위치를 확인하였다. 이 지반을 활용하여 TBM 장비를 통하여 굴착할 수 있었다.

(3) 침매공법 (Immersed Tunnel Method)

① 개요

침매터널 공법은 제작장에서 미리 제작해 놓은 터널 구조물을 미리 준설한 바다밑에 가라앉히고 매립하는 공법이다. 터널을 설치할 강이나 바다 밑에 트렌치(Trench)를 준설해 놓고, 육상의 제작장에서 터널구조물인 침매함(沈埋函: 터널 구조체)을 만든다. 이 침매함을 부력을 이용하여 해저터널이 설치될 장소로 운반한 다음, 미리 조성된 트렌치에 침매함을 설치한 뒤 다시 묻어서

〈그림 4-5〉 침매함의 이동 및 침설

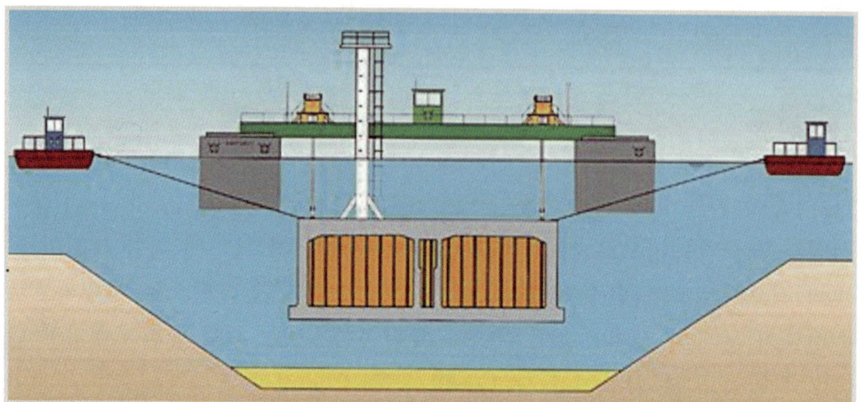

자료: 정형식(2007), 국내외 해저터널의 건설동향, 제7회 터널 시공기술 향상 대토론회, 대한토목학회.

터널을 완성시키는 공법이다. 당초 덮혀 있었던 흙의 무게와 침매함 설치 후 작용하는 무게를 같거나 차이가 없게 시공하므로, 트렌치 하부지반은 원지반 상태를 유지하게 된다. 침매공법은 국내에서는 부산~거제 간 연결도로 건설공사에 최초로 적용되어 시공 중에 있다. 침매공법은 침매함의 모양과 재질에 따라 원형과 직사각형 콘크리트 방식으로 구별된다. 전자는 주로 미국에서 발달한 공법인데, 미리 모래를 깔아놓은 기초 위에 침매함을 직접 묻고 고무 가스켓(gasket)으로 수중 접합한다. 1910년 미국 디트로이트의 하저 철도 터널에 처음 적용되었다. 후자는 유럽에서 많이 사용하는 공법으로, 침매함의 양끝을 가로대 위에 가설한 뒤 틈새에 모래를 채워넣고 침매함은 고무 가스켓으로 수중 접합한다. 1937년 네덜란드의 로테르담 항구에 이 공법의 터널이 설치되었다.

② 원리

본 공법은 침매함에 작용하는 해수의 부력을 이용하기 때문에 함체의 중량에 의한 지반의 침하를 어느 정도 극복할 수 있으므로 지지력이 약한 연약지반 터널 시공 시 용이하다. 침매터널 공법은 일반적으로 지반조건에 대하여 크게 영향을 받지 않는 공법이다. 부산~거제 간 연결도로와 같이 낙동강 하

〈그림 4-6〉 침매터널의 시공방법

구의 초연약지반에 대해서는 별도의 지반처리를 하는 경우도 있다. 이 공법은 침매함을 육상에서 제작하고, 콘크리트로 만들기 때문에 형상에 제약을 받지 않는다. 원하는 크기와 형상으로 터널을 만들 수 있다. 토피고의 한계조건이 없으며, 침매함 설치 후 선박에 의한 충돌에 대비할 정도로만 매설하게 된다. 이는 터널의 종단경사를 고려할 때 총 노선이 짧아지는 경제적인 노선으로 설계할 수 있다.

③ 특징

침매공법은 터널에 부력이 작용하므로 겉보기비중이 적고, 지반의 지지력이 크게 필요 없어 연약지반에 적합하며, 수심이 깊은 곳에서도 안전하게 공사할 수 있다. 침매함 설치에 걸리는 시간이 짧아 항로(航路)에 대한 제약이 적으며 시공의 효율성이 좋아 공사기간이 단축된다. 하지만 이 공법은 침매함을 운송하고 설치할 때, 잔잔한 해상조건을 필요로 한다. 조인트 시공이 불량할 경우 해수가 유입되어 대형사고가 발생할 수 있으므로 정밀한 시공을 해야 하며 높은 수압과 파랑, 태풍 등 시공환경의 영향을 크게 받으므로 높은 기술력이 필요할 뿐만 아니라 연간 작업일수가 충분히 확보되지 못할 수 있는 문제가 있다. 특히 조류와 유속이 강한 외해 조건일 때는 신중히 검토되어져야 한다. 현재까지의 시공실적에 근거하면 최대 수심 50m 이하에서 적용 가능하기 때문에 한중 해저터널의 일부구간에서는 침매터널에 의한 건설이 가능할 것으로 판단된다. 또한 공사기간을 단축하기 위해서는 침매함이 설치될 곳과 가까운 곳에 대규모 제작장이 필요하므로, 제작장 확보여부가 이 공법의 선정에 중요한 요인이 될 것이다. 충분한 규모의 제작장을

〈표 4-1〉 공법별 특징 요약

공법종류	Drilling & Blasting(NATM)	쉴드 TBM	침매공법
굴착방법	발파	기계사용	육상에서 제작 후 매립
공사기간	상대적으로 느림	빠름	제작장 확보여부에 기인함
공사비	저렴	고가	중간~고가
지반조건	연암~경암	연암~경암(비트 교체 필요)	제약 없음
적용사례	세이칸 터널	유로터널	부산~거제간 연결도로

확보하는 경우에는 동시에 침설시킬 수 있는 함체의 개수가 증가되어 오히려 공기를 단축시킬 수 있는 가능성도 존재한다.

3) 터널의 환기방식

(1) 개요

도로터널은 터널을 주행하는 차량에서 발생하는 오염물질에 의해서 터널내 환경이 열악하게 될 우려가 있기 때문에 터널을 주행하는 운전자에게 쾌적한 환경을 제공하고 또한 가시거리를 확보하기 위해서 평상시 환기가 요구된다. 철도 전용터널은 도로 터널에 비해 사고의 위험이 덜 하지만 터널에서의 화재는 외국의 사고사례에서 찾아볼 수 있는 바와 같이 대형화재로 발전하여 인명 및 재산피해를 유발할 가능성이 높기 때문에 화재 등 비상시 인명의 대피 및 안전 확보를 위한 시설이 확보되어야 한다. 따라서 터널에는 평상시 환기를 위한 환기설비와 비상시 연기류의 방향을 제어하거나 연기의 배기를 위한 제연설비(Smoke Control System)나 배연설비(Smoke Exhaust System)가 설치된다. 일반적으로 터널에서는 환기설비가 제연설비를 겸하고 있으나, 평상시에는 환기목적으로 운영되며, 비상시에는 제연을 목적으로 운영되게 된다.

(2) 환기방식의 선정

환기방식의 선정에 가장 크게 영향을 미치는 것은 주행속도에 따른 소요환기량으로 소요 환기량은 터널의 기하학적인 제원 및 터널을 통행하는 교통류에 영향을 받으므로 이에 대한 충분한 검토가 요구된다. 또한 터널 주위의 환경조건, 한계풍속, 소비동력 그리고 화재시 환기기의 운용, 유지관리 및 경제성, 단계건설, 기타 조건 등을 고려하여 종합적으로 검토한 후 가장 적절한 방식을 결정해야 한다.

2. 해저터널의 운송방식 및 설계기준 검토

1) 운송방식에 따른 터널 형태 검토

노선과 더불어 터널이 어떤 용도로 사용되어 질 것이냐에 따라, 세부종단면도와 터널 시공방법이 달라진다.

(1) 도로터널

도로터널의 장점은 생산지에서 소비지까지 논스톱 도로운송에 의하여 화물운반이 가능해 진다는 것이다. 환적에 따르는 비용과 소요시간을 절약할 수 있다. 철도터널에 비하여 종단구배를 크게 할 수 있기 때문에 터널종단 고려 시 유리한 노선을 선정할 수 있다. 또한 설계하중이 철도보다 작기 때문에 공사비 면에서 상대적으로 저렴하게 건설할 수 있다. 하지만 휘발유, 경유 등 화석연료를 사용하므로 도로터널에 대한 환기문제를 극복해야 한다. 또한 안전측면에서 차량의 화재발생 시 연기로 인한 시야확보가 어려워져 대형 연쇄충돌 사고를 유발할 수 있다. 화재진압 차량이 짧은 거리에 도착하기 쉽지 않으며, 회차로 등을 설치해야 하는 등 여러 가지 내용을 고려하게 되면 터널의 단면이 커져 경제적으로 불리하게 될 여지가 많다.

(2) 철도터널

철도의 경우 노선을 정할 때 종단구배가 작고 곡률반경이 크기 때문에 노선선정 시 제약이 따른다. 하지만 한번 운송에 대량의 화물을 실어 나를 수 있고, 고속철도가 개발됨으로서 신속한 운송이 가능하다. 특히 해저터널에서 가장 중요한 환기문제가 발생하지 않기 때문에 해저의 장대터널에는 철도를 수송수단으로 하는 것이 가장 안전하다. 현재 운영되고 있는 세이칸터널과 유로터널도 철도 전용터널이다. 그리고 유로터널의 경우 자동차운송을 할 수 있도록 Car-Train 방식으로 운영되고 있다. Car-Train 방식이란, 철도의 화차 위에 자동차를 실을 수 있도록 고안된 방식이다. 자동차 운전자는 기점 터미널에서 철도의 화차 위에 자동차를 실은 후, 해저터널 통과후 종점 터미널에서 자신의 차량을 내려서 운전하게 된다. 이는 철도전용터널의 한계를 극복하게 되는 좋은 방식이다. 한중 해저터널의 경우도 이 방식을 도입하는 것이 바람직하다. 철도의 궤도와 별개로 열차의 차량 개조만으로 이 방식을 적용할 수 있으므로, 터널 건설시 이러한 사항을 고려하여 설계에 반영해야 할 것이다.

(3) 리니어모터카

일본의 JR이 실용화를 위한 개발을 진척시키고 있다. 자기부상식의 리니어모터카에서 고속주행이 가능함과 동시에 레일방식의 신간센에 비교해서 강한 구배구간(최대 8‰)의 주행이 가능하다. 이것은 장대 터널내의 주행에는 큰 장점이며 검토되어야 할 수송형식이지만, 중량물건의 운반에는 적당하지 않고 레일방식의 철도와의 호환이 곤란하다는 단점이 있다.

2) 설계기준

도로터널로 건설할 경우 터널 내에서 300km이상 횡방향의 변화가 없는 일정한 선형이 나타나므로, 안전운행이 곤란하게 된다. 더욱이 배기가스 처리를 위한 환기시설이 더욱 강화되고 이로 인한 해저구간의 환기구, 인공섬 등의 공사비가 크게 상승할 것이다. 더욱이 터널 내 차량사고는 화재, 연기로 인하여 대형사고로 이어질 수 있어서 도로터널은 곤란하므로 철도전용터널이 가장 실현가능성이 있는 대안이라 할 수 있다. 철도전용터널로 건설할 경우 철도시설 이용의 호환성을 높이기 위해서는 한중 양국의 설계기준을 검토할 필요가 있다.

(1) 한국 측 설계기준

한국의 선로 폭은 1,435mm이다. 철도건설법에 근거하여 국토해양부에서 고시한 철도건설규칙에 의하면 고속선(KTX)를 운영시키기 위해서는 아래와 같은 선로를 건설하여야 한다.

이중 노선선정에 중요한 사항이 되는 사항은 다음과 같다.

① 설계속도: 350km/h
② 최소곡선반경: 5,000m
③ 곡선반경: 25,000m 이상
④ 최대종단경사: 25‰

(2) 한중 해저터널 설계기준 요약

한중 해저터널을 통한 중국 측 고속철도의 연결 및 향후 한일 해저터널을 통한 일본 신간센과 연결을 고려할 때, 설계기준을 좀 더 완화하여 아래와 같은 기준을 적용하는 것이 바람직할 것으로 판단된다.

① 설계속도: 350km/h
② 최소곡선반경: 6,000m
③ 최소종단곡선반경: 25,000m 이상
④ 최대종단경사: 15‰

〈표 4-2〉 KTX 운영기준

구분	세부구분	내용	비고(원)
선로등급		고속선 (KTX)	4조
설계속도		350km/h	5조
궤간		1,435mm	6조
최소곡선 반경		5,000m	7조
완화곡선	설치구간	모두 설치	8조
	최소길이	캔트의 2,500배	
직선의 최소길이		180m	7, 9조
선로기울기	최대	25‰	10조
	부득이한 경우	30‰	
	정거장	2‰	
종곡선	설치기울기	1‰	11조
	곡선반경	25,000m	
궤도의 중심간격		4.8m	14조
노반폭		4.5m	15조
도상두께		350mm	18조

3. 해외사례로부터의 현대 기술수준의 추정

1) 해저터널 길이

현재 최장 해저터널의 길이는 홋카이도 하코다테와 혼슈를 잇는 일본 세이칸 터널의 총연장인 53km이다. 하지만, 해저를 통과하는 길이만을 고려할 때는 유로터널이 38km로 가장 길다. 유로터널의 경우 기계장비(Tunnel Boring Machine)에 의하여 굴착하였고, 미리 제작한 콘크리트 세그먼트로 쉴드를 만들어 터널을 건설하였다. 10년이 훨씬 지난 지금의 기술수준으로는 산업의 발달로 굴착기술은 더욱 향상되었으며, 굴착에는 큰 문제가 없어 보인다. 하지만, 앞으로 검토하게 될 환기, 배기, 안전 등을 고려할 때, 해저터널의 길이가 제약을 받을 수는 있다고 판단된다.

〈그림 4-7〉 동경만 터널 인공섬 전경

2) 환기 기술

앞서 언급한 대로, 해저터널이 길이를 제한하는 중요한 요인 중의 하나가 바로 환기이다. 산악터널의 경우 수직갱을 통하여 중간에 환기구를 만들 수 있지만, 해저에서 수면까지의 환기구를 설치해야 하며, 이는 선박충돌, 해일, 파도 등의 상당한 충격에 견딜 수 있는 구조물로 보호되어야 한다. 이러한 이유 때문에 대부분의 해저터널은 대형 제트팬을 설치하여 종방향 환기만으로 터널 내 환기를 담당한다. 단 하나 일본의 아쿠아라인이라고 불리우는 동경만 터널은 터널중간에 환기구를 설치하였고 수면위로 인공섬을 설치하여 환기탑을 만들었다.

동경만은 내해이고 수심이 비교적 얕은 구간이어서, 중간 환기구를 설치할 수 있었다. 한중 해저터널은 중간 지역의 수심이 평균 50m이내 이고 환황발해만에 위치하여 유속이 빠르지 않기 때문에 인공섬내 환기탑 설치가 가능할 것으로 판단된다.

5장_한중 해저터널의 노선대안 검토

1. 황해의 지형과 지질

1) 황해의 지형

한반도와 중국 대륙을 육지를 통과하지 않을 경우는 〈그림 5-1〉에서와 같이 황해도 장산곶에서 산둥반도 서쪽 끝자락까지가 가장 단거리이다. 그러나 현 시점에서는 황해도는 북한지역으로 남한에서는 인천과 산둥반도 서쪽 끝자락을 잇는 선이 최단거리이다. 황해의 경우 한반도에서 서쪽의 중국 대륙으로 가면서 점점 깊어지다가 중국 대륙에서는 다시 서서히 얕아진다. 한반도의 육상지형에 대한 특성을 흔히 동고서저(東高西低)라 한다. 이와 관련하여 한반도의 부근의 해저수심 역시 동해에서는 육지에서 멀어짐에 따라 갑자기 깊어지는 반면에 서해에서의 수심은 동해에 비해 서서히 깊어지고 100m 이하의 수심을 나타내고 있음을 볼 수 있다. 또한 제주도를 제외한 서해안 쪽 육지 부근의 섬과 육지사이의 수심은 40m를 넘지 않고 있다(〈그림 5-1〉 참조). 인천 앞바다는 수심이 20m에서 최고 80m정도이다. 영국과 프랑스 사이에 개통된 해저터널인 Channel Tunnel의 경우 터널 상부의 최대수심이 55m이고, 평균 수심이 40m인 해저에 위치하고 있다.

중국에서는 산둥반도 동쪽부분인 웨이하이의 청산터우(成山角)에서 한반도 서해안의 백령도까지를 연결하는 이북해역을 '북황해' 라고 부르고, 이남의 해역을 '남황해' 라고 부른다. 예상되는 한중 해저터널의 위치는 남황해 북부에 위치해 있다.

중국 측 남황해지형은 평균심도가 46m로 비교적 평탄한 지형이다. 대륙붕(해변으로부터 깊이 약 200m까지의 완만한 경사의 해저지형)은 남북방향으로 지나고 있고, 북부 해저골짜기는 좁고 긴 모양이며, 해저퇴적분지가 있으며, 수심은 50~80m이다. 분지의 양쪽 측면경사는 비교적 가파르며 특히 산둥반도 바깥 측면의 경사도가 비교적 심하다(〈그림 5-2〉참조). 일부 지역은 최고높이와 최저높

〈그림 5-1〉 한반도와 중국 사이에 위치한 황해의 해저 수심도

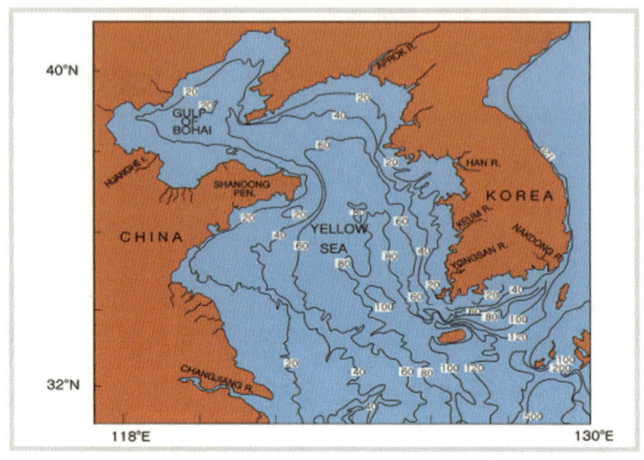

〈그림 5-2〉 한중 해저터널 대안(2안)노선의 해저지형(웨이하이~화성)

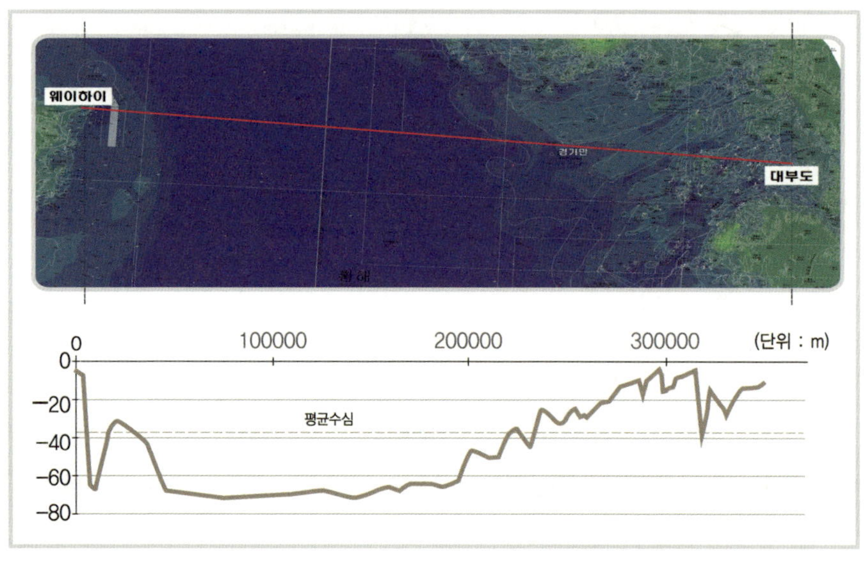

이의 차가 크지 않은 저지대와 융기지형이다. 중국 측 북부해저는 비교적 평탄하고 해수가 얕아 해저터널을 건설하기에 좋은 지형조건을 가지고 있다.

현재 한중 해저터널의 예상구간인 평택~산둥반도 구간은 석유부존 가능성

〈그림 5-3〉 동북아시아 지질구조

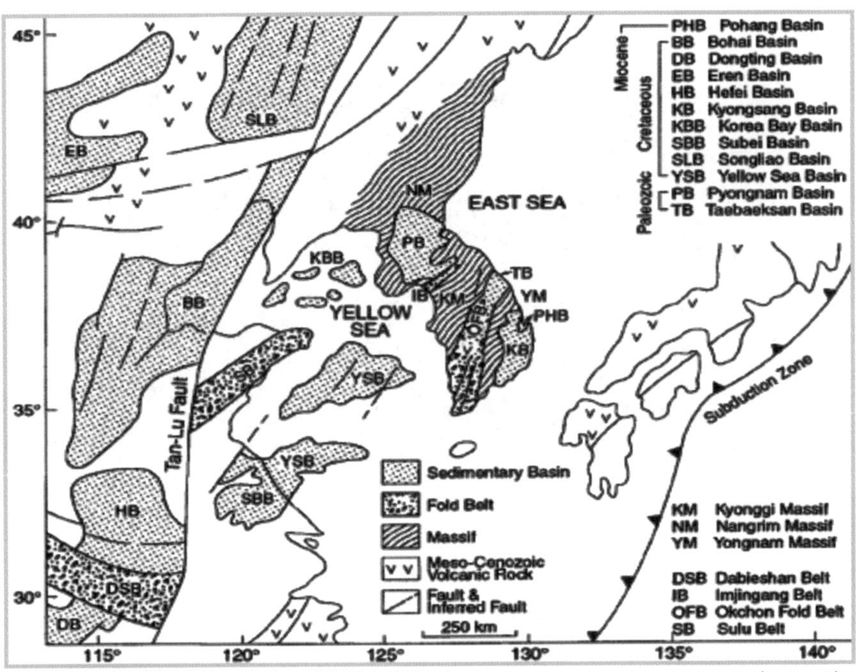

자료: S.K. Chong, H.J. Lee and S.H. Yoon(2000), Marine Geology of Korean Seas(2nd ed.), Elsevier B.V, pp.8.

이 있는 지역이 아니기 때문에, 국내에서는 그동안 정밀 탐사와 연구가 이루어지지 않았으나 중국의 산둥반도와 한국의 군산분지에 대한 정밀한 연구결과는 발표되어 있다. 국내에서는 한국지질자원연구원의 탐해 2호를 이용하여 군산분지 자료를 취득하고 분석하는 연구가 수행되어 왔다. 연구결과를 토대로 간접적으로 예상터널 구간의 지질구조를 파악할 수 있다. 주라기(약 1억 8000만 년 전~1억 3500만 년 전)에 남중국 지괴와 북중국 지괴가 충돌하여 하나의 지괴로 합쳐진 기반암은 백악기(약 1억 3,500만 년 전~6,500만 년 전)에 들어와 남~북 (혹은 북서-남동) 방향의 팽창응력을 받으면서 대륙분지를 형성하였다. 이 백악기 분지는 남황해분지 전역은 물론 한반도 서해안에 이르는 대규모 분지일 가능성이 크다. 〈그림 5-3〉은 동북아시아 지역의 지질구조를 보여주고 있다. 한반도의 대표적인 구조대로는 옥천대와 임진강대가 있다.

〈그림 5-4〉 경기만에서 황해 중부까지의 심부탄성파 단면도

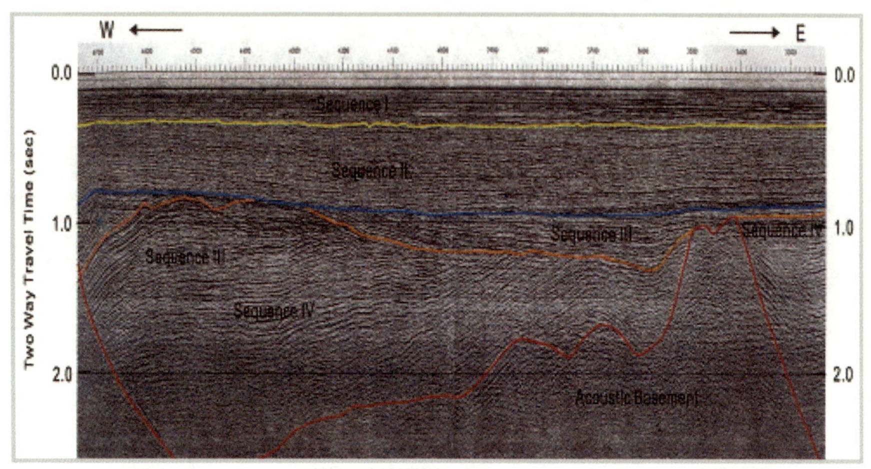

임진강대는 북중국과 남중국의 경계인 다비산 단층이 탄루단층의 주향이동에 의해 슬루단층으로 연장된 것과 지리적으로 강한 연관성을 갖고 있다. 지질구조적으로 볼 때 예상되는 해저터널구간은 군산분지의 북쪽경계에서 북쪽에 위치한 지역으로 해저심도가 낮을 뿐 아니라 기반암(basement)의 심도가 얕을 것으로 분석되고 있다.

또한 군산분지의 기존 시추자료를 분석한 결과에 의하면 기반암의 물성은 화성암체, 변성퇴적암 및 화산암 등 모든 암석이 고르게 분포된 복합체로 분석되었다. 그러므로 추가로 정밀한 탐사 및 분석을 수행할 필요가 있으나, 군산분지의 결과 및 기본 특성을 통하여 볼 때, 수심, 기반암의 심도 및 물성 등은 건설에 비교적 양호한 입지조건이라고 판단할 수도 있을 것으로 보인다. 〈그림 5-4〉는 경기만에서 황해 중부까지의 심부탄성파 단면도이다. 기반암 상부의 심하게 변형 받은 퇴적층 III과 IV 와 비교적 연속성이 좋은 I과 II의 단위 퇴적층으로 구성되어 있다(이치원 외, 2002).

최근에 한국석유공사에서 미국 조사전문회사에 의뢰하여 황해의 지질구조를 분석하였다(SCA, 2002). 〈그림 5-5〉는 남황해 분지의 융기 및 분지 분포도이며, 〈그림 5-6〉은 남황해 분지의 기반암을 시대 및 물성으로 구분한 분류도이다. 이 연구결과에 의하면 예상해저터널 구간은 산둥반도를 포함하여

〈그림 5-5〉 남황해 분지의 융기 및 분지 분포도(SCA, 2002)

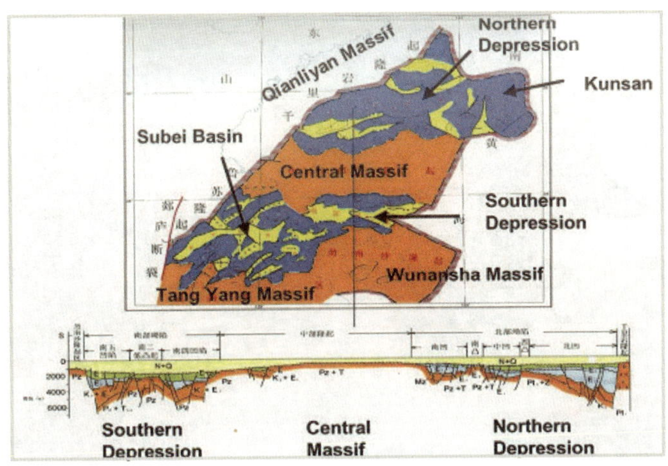

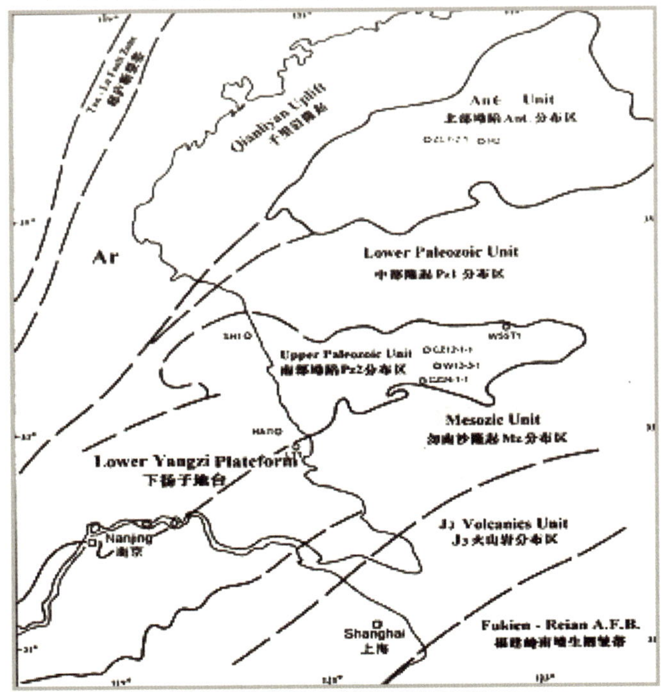

〈그림 5-6〉 남황해 분지의 기반암 분류도(SCA, 2002)

〈그림 5-7〉 인천 부근의 지질도

주: 인천 앞바다의 섬들은 편마암(밤색), 화강암(연두색) 및 중생대 퇴적암(녹색)을 나타냄.

〈그림 5-8〉 산동반도의 지질도

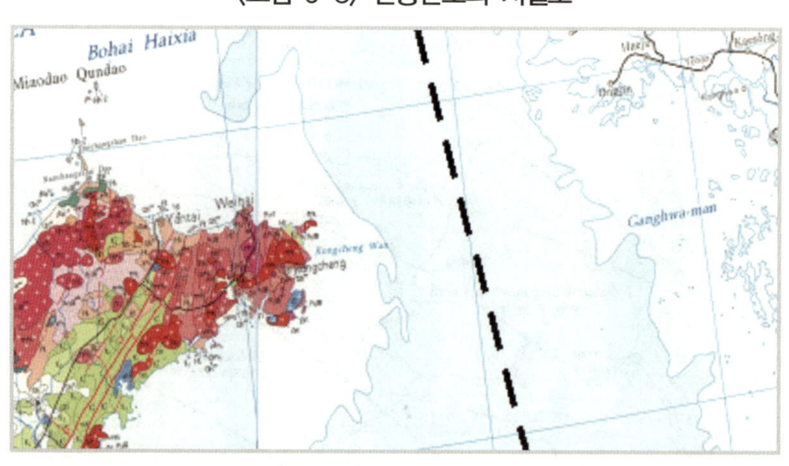

주: 적색은 중생대 화강암, 분홍색 선캄브리아기의 편마암류, 연두색은 백악기의 퇴적암류.

천리암 융기대(Qianliyan Massif)의 연장부로 해석될 수 있다. 천리암 융기대의 중자력 탐사 결과에 의하면 높은 중력 이상치를 보이고 있으며, 최대값은 42.5×10 Gamma로 제시되고 있다. 중력 이상치가 높다는 것은 기반암을 구성하고 있는 암질의 단단하다는 의미가 되기도 하며 또한 분지 발달의 가능성이 낮다고도 분석할 수도 있다. 자력탐사의 결과에서는 뚜렷한 이상대가 발견되지 않았다. 이는 화성암체가 대규모로 발달하지 않았음을 의미한다. 또한 탄성파 탐사자료의 해석결과에 의하면 제 3기 및 4기 층(Neogene & Quaternary)이 보이고 있으며 기반암의 심도가 500m이내로 일반적인 분지 등의 기반암의 심도가 100m이상임을 감안하면 기반암의 심도가 얕다고 할 수 있다. 또한 기반암의 하부는 변성암으로 단단한 지질층이 분석되었다. 이 같은 중국의 연구결과는 앞서 언급한 한국의 연구결과와 유사하며, 예상터널 구간의 기반암의 심도 및 물성은 해저구조물 설치에 비교적 적합하다고 판단할 수 있다.

2) 황해의 지질

인천 앞바다의 섬들은 선캄브리아기의 편마암류와, 주라기에 관입한 화강암류 및 중생대 대동계 및 경상계의 퇴적암들로 구성되어 있다. 황해를 건너 중국대륙의 산동반도는 해안에서 가까운 융기지형이다. 중생대 화강암류, 선캄브리아기의 편마암류 및 중생대 백악기의 퇴적암류로 구성되어 있다(〈그림 5-7〉 참조).

중국의 산둥반도는 선캄브리아기의 편마암류와 이들을 관입한 중생대 주라기의 화강암 및 이들 암석을 기반으로 백악기에 형성된 퇴적분지를 메우는 퇴적암류들이 분포한다. 남황해 북부 지반은 단단하고 비교적 균일하고 불투수성을 지녀 해저터널을 건설하기에는 이상적인 지질조건이다(리핑, 2008).

〈그림 5-8〉의 황해의 중간에 점선으로 표시된 북북서 방향의 단층선이 그려져 있는데 이는 물리탐사에 의해 확인된 것으로 정밀 조사가 요구되는 구조선이다. 또한 한반도와 산둥반도 사이 황해에는 〈그림 5-9〉의 중력 이상도에서와 같이 거의 남북에서 북북동 방향의 단층이 발달되고 있다.

〈그림 5-9〉 황해의 중력이상도

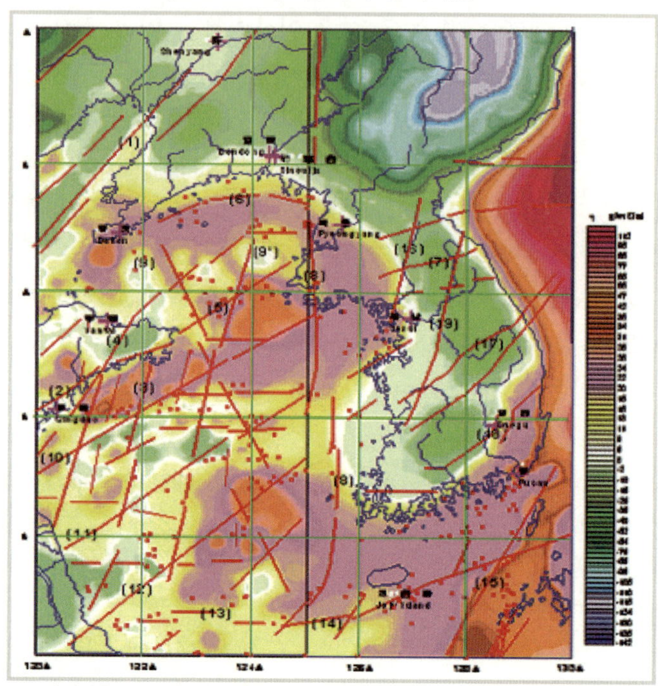

주: 적색선은 단층대로 추정.

일반적으로 퇴적분지가 만들어지는 곳에서는 대개 단층들에 의해 분지가 만들어진다. 뿐만 아니라 화산활동이 심하게 일어난 곳 역시 지각의 요동으로 단층이 발달하기도 한다.

3) 황해지질의 종합검토

서해안은 동해에 비해 해저의 수심이 연안에서 멀리까지 평탄하게 발달하며 해저터널 건설에 큰 어려움을 주지 않는 수심을 가지는 곳이다. 인천 앞바다의 섬들과 산둥반도는 암종 분포가 화강암류, 편마암류 및 퇴적암류 등으로 비슷하며, 터널굴착을 위한 기반암으로서의 큰 문제는 없을 것 같다. 또한 산둥반도 및 군산분지를 포함하는 남황해분지 연구결과를 토대로 예상

해저터널 지역의 구조 및 물성을 유추해 볼 때, 기반암의 심도 및 구성 암질 등은 해저터널 건설에 비교적 양호한 지역임을 알 수 있다. 그러나 황해 상에 추정되는 단층선들은 터널굴착에서 있어서 장애요소로 작용할 수 있으며, 기반암의 분포에 따른 터널 설계 및 굴착시의 문제를 진단하기 위하여 정밀 탐사 및 분석이 필요할 것으로 판단된다.

2. 황해의 지진

지진은 지구 내부의 응력 변화에 따라 지하 암반이 갑자기 어긋나는 현상으로서, 이로 인해 지하로부터 발생한 충격이 전파되고 이러한 과정 중에 지하와 지표면이 갈라지거나 심하게 흔들리는 현상이다. 지진의 발생은 지진학적 기반암에서 발생하여 공간상의 전파 매질인 암반이나 토사를 통해서 전파되며(선창국 등, 2006; Sun 등, 2005), 이 공간 매질 내에서 관성 형태의 진동으로 영향을 미치게 된다. 이러한 지반 매질 내부 또는 매질과 접하여 존재하는 모든 구조물은 평상시와는 다른 추가적인 진동 하중을 받게 되며, 깊은 심도에 분포하는 대표적 인공 구조물인 터널의 경우도 지진동의 영향을 받게 된다. 그러나 터널의 경우 지중에 있기 때문에 대부분 지반운동에 순응하여 구조물이 진동하여 큰 증폭현상이 나타나지 않는다.

따라서 지표면 부근 건축물이나 교량과 같은 구조물에 비해 상대적으로 유리하며 부지 선정 과정에서 부지 주변의 다양한 발생 가능 지진에 대한 체계적 고찰을 토대로 합리적인 내진 설계가 이루어진다면 구조적 지진 안전성을 확보할 수 있다.

내진설계란 일반적으로 구조물의 동적 특성, 지진의 특성 및 지반의 특성을 고려하여, 지진에 안전할 수 있도록 구조물을 설계하는 것을 의미한다. 국내에서는 터널에 대한 내진설계기준이 마련되어 설계에 반영되고 있다. 지진이 많이 발생하는 일본에서는 내진설계가 반영되어 건설된 세이칸 해저터널, 동

〈그림 5-10〉
한반도의 지진 발생 역사(2~1904년)

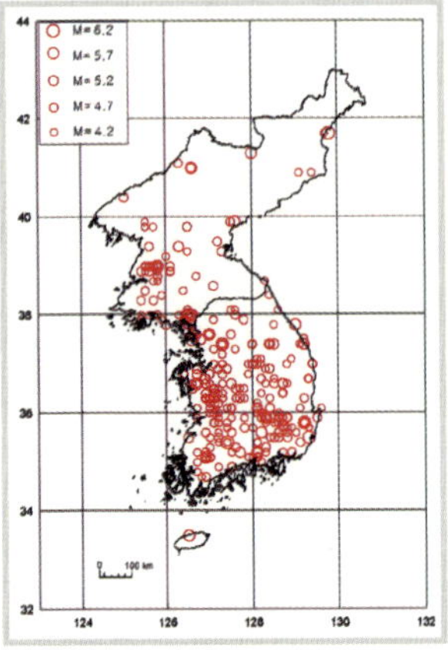

〈그림 5-11〉
한반도 및 주변의 최근(1978~2008년)
계기 지진 발생 현황(기상청, 2009)

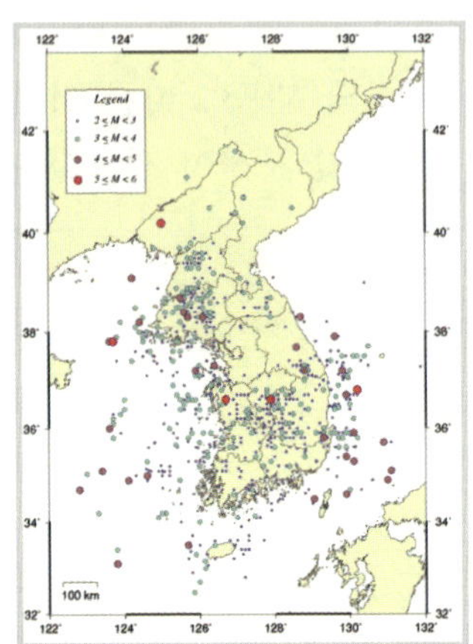

경만 해저터널 등 많은 터널들이 지진에 대한 안전성을 보여주고 있다.

〈그림 5-10〉은 1905년 기본적 지진 관측이 시작되기 이전에 발생한 것으로 추정되는 지진들의 진앙 위치 분포도(Lee와 Yang, 2006)로서, 서해안에서 중규모(규모 5.0) 이상의 지진들이 발생됐다. 국내 지진 관측 체계화 이후에는 중소규모의 지진이 다수 발생하였으나 다행스럽게도 아직은 규모 7.0 이상의 대형 지진은 발생하지 않고 있다(〈그림 5-11〉 참조). 한중 해저터널 예상구간의 황해에서는 중규모 이상의 지진발생은 거의 없었다.

최근의 한반도에서의 주요 지진 현황을 살펴보면, 전라남도 홍도 서북서쪽 100km 해역과 북서쪽 50km 해역에서 각각 1994년 7월 26일과 2003년 3월 23일에 규모 4.9의 지진이 발생한 바 있다(기상청, 2009). 또한, 2003년 홍도 인근 지진 직후인 3월 30일에는 인천 백령도 서남서쪽 80km 해역에서 규모 5.0의 지진이 발생했다(기상청, 2009).

중국 측 발표자료에 의하면(리핑, 2008) 남황해에서는 강도가 일반적으로 6급 이하이고, 1회 최대강도는 6.75급으로 1910년 1월 8일 발생하였다. 서기 999년 이래로 4급 이상의 지진이 22차례 발생한 적이 있고, 그 중 6급

이상의 지진이 9차례 있었으나 주로 남부해역에서 발생하였다. 해저터널 중국 측 시점인 웨이하이의 룽청 해안지역은 화강암으로 형성된 기암해안으로 지질조건이 비교적 좋으며 지진대에 있지 않아 진도는 겨우 5급이다. 한반도 주변에는 매우 큰 지각 연약대인 중국 탄루단층이 발달하여 있고 일본 남서부 쪽으로는 판 경계부가 발달되어 있어서 한반도 주변에 쌓일 수 있는 응력의 많은 부분이 이런 지역에서 해소되고 있다. 따라서 중국 북동부와 일본에 비하여 한반도에서 규모 6.5~7.0 이상의 큰 지진일 발생할 확률이 낮아짐으로써 한반도는 주변국가에 비하여 상대적으로 지진 안전지대라 할 수 있다(지헌철, 2005).

그러나 최근의 계기 지진 발생 현황과 비록 내륙에 제한되어 있지만 중부 서해안 지역에서의 역사 지진 발생 현황을 고려해 볼 때, 한반도와 중국을 연결하는 해저터널 예상구간에서의 발생 가능 지진에 대한 지진학적 특성 규명을 통한 발생 가능 지진의 정량화가 선행되어야 하며 이를 통한 대상 해저터널의 체계적이고 합리적인 내진 설계가 이루어진다면 한중 해저터널의 안전성 확보는 어렵지 않으리라 판단된다.

3. 노선 대안 검토

1) 통과지역 검토

한중간의 가장 가까운 구간은 용연 혹은 옹진반도 측이며 중국은 산둥성 웨이하이시를 잇는 구간이다. 한중간의 해저구간은 이용할 수 있는 자연적인 섬이 없다. 따라서 터널을 시공할 수 있는 해저지형조건을 면밀히 검토해 보아야 하며, 공기단축을 위한 추가적인 인공섬 조성도 검토할 필요가 있다.

현대터널 기술을 바탕으로 한 종방향 환기만을 가정한 최대터널길이는 50km인 것으로 판단된다. 가장 짧은 노선인 웨이하이~옹진 노선의 경우

〈그림 5-12〉 한중 해저터널 노선의 해저지형

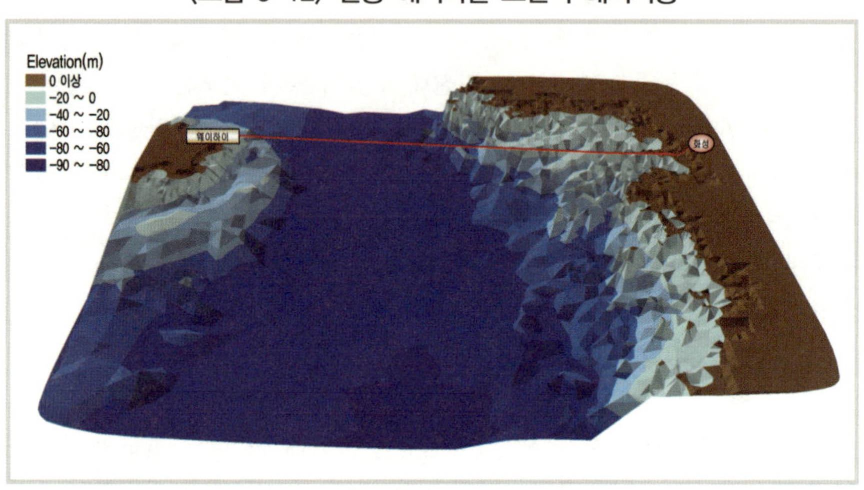

해저구간이 약 207km인 것을 감안하면 환기시설을 경유하는 지점은 최소 4개 이상이 필요할 것으로 사료된다. 한중 해저터널은 중국측 접속구간, 해양구간, 한국 측 접속구간으로 구분할 수 있으며, 해양구간은 터널의 시공방법 및 인공섬 설치구간으로 구분될 것이다.

2) 지형적 조건

(1) 중국 측 접속구간

중국 웨이하이를 중심으로 해안 쪽으로 급격히 경사를 이루는 지형으로 구성되어 있다. 이 경사는 해안으로 5km즈음 도달할 경우 경사가 멈추는데, 이 때 수심은 약 60m정도로 파악된다.

(2) 해양구간

중국 측에서 급격한 경사를 이루다가 이후 최저수심 76m, 평균수심 36m

정도로 완만한 경사를 이루는 구간이 되어 있다. 이후 한국 쪽으로 완만한 경사를 이루며 육상부와 접속된다. 이 구간에 대하여 파쇄대 및 지질에 대한 분석은 아직 알려져 있지 않다. 해저터널의 가장 중요한 부분인 지질조사가 필요하며, 이에 따라 터널의 통과 노선, 공사비, 공사기간 등이 결정될 것으로 보인다.

(3) 한국 측 접속부분

해저구간이 거의 경사가 없이 이어지다가 한국 쪽으로 완만한 경사를 이루며 접속된다. 한국의 서해안은 리아스식 해안으로 많은 섬들이 존재하고 섬과 섬사이의 수심이 상대적으로 낮다. 이러한 자연적인 섬들을 이용하여 노선을 결정하면 환기, 종단경사 등의 제약조건을 피할 수 있을 것으로 판단된다.

3) 극복해야 할 지질조건

터널을 굴착할 경우 지반내 지질학적 성질은 시공의 난이도에 큰 영향을 주게 된다. 지질학적 특성을 고려하여 지반조건에 적절한 굴착방법, 공기, 공사비가 결정되어 진다. 한중 해저터널의 구간은 90%이상이 해양통과구간이며 따라서 해양구간이 결정적인 영향을 미치게 될 것이다. 지질조사를 하여 환경을 좀 더 분석하게 된다면, 극복해야 할 난제들이 많을 것으로 판단된다.

인공섬을 건립할 때 어려운 문제들도 나타날 것으로 생각된다. 인공섬을 만들 수 있는 재료인 토사를 구하는 문제와 파도와 해류가 있는 해양에서 유실되는 양을 최소로 하면서 공사하는 방법에 대하여 기술적으로 해결하여야 할 것이다.

4) 구상노선

〈그림 5-13〉 한중 해저터널 대안노선도

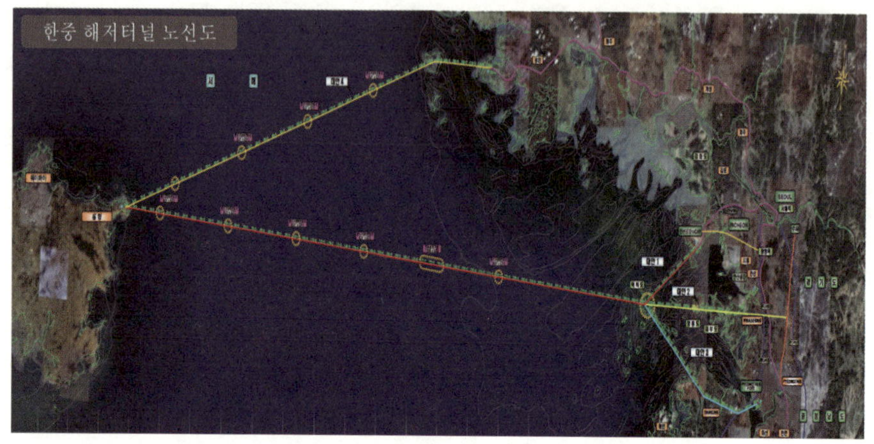

〈그림 5-14〉 한국 측 상세 노선(대안 1~3안)

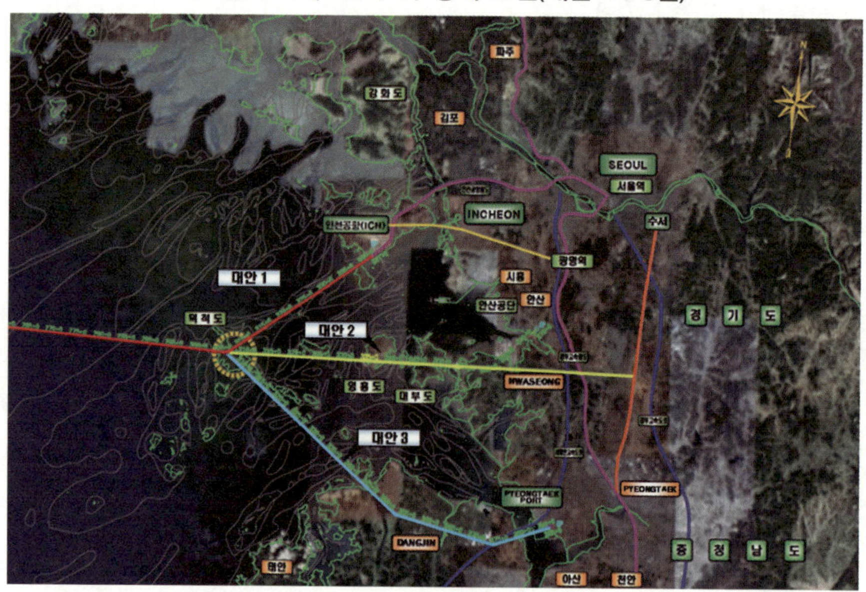

〈그림 5-15〉 환기구(장비반입구) 모식도

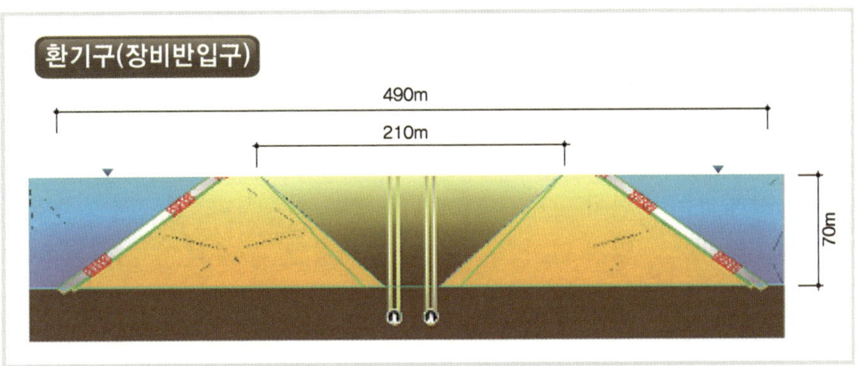

5) 환기구(장비반입구) 모식도

환기 및 피난에 대비하기 위한 환기구이며 그림처럼 인공섬 형태로 설계할 수 있다. 시공 중에는 장비를 반입하여 구간별 굴착을 할 수 있으며, 이로 인하여 공기단축의 효과를 얻을 수 있다.

덕적도로부터 두 번째 인공섬은 정거장으로, 준공 후 환기 및 피난의 용도 이외에 정거장으로 활용한다. 인공섬 내 지하형 빌딩 형태의 구조물을 건축하게 되면 관광자원으로 활용할 수 있다. 시공 중에는 장비를 반입하여 구간별 굴착을 할 수 있으며, 이로 인하여 공기단축 효과를 얻을 수 있다.

4. 시공 공법 검토

1) 터널굴착시공법 결정

현대 터널기술의 적용사례로서 환기탑 없이 연속적인 해저통과길이는 최대 50km정도로 고려되고 있다. 굴착방법으로는 NATM, 쉴드 TBM, 침매공법이 있으며 최대수심을 통과하는 구간에서는 쉴드TBM 공법을 적용하는 것이

현실적으로 타당할 것으로 보인다. 그리고 수심 50m 이하의 조건에서 해양조건을 고려하여 침매터널을 적용할 수 있으며, 육상터널은 NATM 터널을 적용하여 경제적인 효과를 가져올 수 있을 것이다. 침매터널 공법은 외해조건과 대규모 제작장이 필요하며 작업일수가 제한될 뿐만 아니라 공기의 증가 및 준설문제 등이 발생한다.

본 노선에서는 수심이 낮은 구간에서 적용이 가능하다. 쉴드TBM 공법은 토피가 1.5D~3D로 많지 않아, 종단노선을 계획할 때 가장 유리하다. 또한 TBM 장비의 발달로 단단한 지반층도 통과할 수 있다. 공정이 반복적이어서 공사가 진행될수록 학습효과로 인하여 굴진속도가 빨라질 수 있다. 본 공법은 해저구간 통과시 가장 적절한 방법으로 판단된다. NATM 공법은 시공사례가 많고 공사비가 저렴하기 때문에 타공법과 비교를 통하여 적용 가능하다.

2) 단면 형태

쉴드TBM의 특성상, 쉴드 구간에서 원형형태의 터널단면이 사용되어 질 것이다. 공기의 단축을 고려하여 하나의 대단면 터널보다는 그보다 조금 작은 2개의 터널로 굴착하는 것이 유리하다고 할 수 있다. 상, 하행선이 각각의 터널에서 운행하는 터널이 되어야 할 것이다. 또 피난, 방재 등에서도 2개의 터널이 유리하다. 일정한 간격마다 이 두 개의 터널을 잇는 연결통로를 구성한다. 터널화재시 반대편 터널로 이동할 수 있는 길을 확보함으로써 안전한 피난통로를 확보할 수 있을 것이다.

이외 서비스 터널을 추가하여 3개의 터널로 건설할 수도 있다. 이는 공사비 및 공기를 고려하여 차후 설치여부를 결정하여야 할 것이다. 장대터널은 환기, 배기가 가장 중요한데, 특히 해저터널의 경우 일정한 간격에 설치된 수직갱을 통한 환기가 어려우므로, 종방향 환기시설에 대하여 충분한 검토가 필요하다. 환기, 배기는 실험을 통하여 시설의 용량과 설치위치를 결정해야 할 것이다.

〈그림 5-16〉 침매터널의 단면도

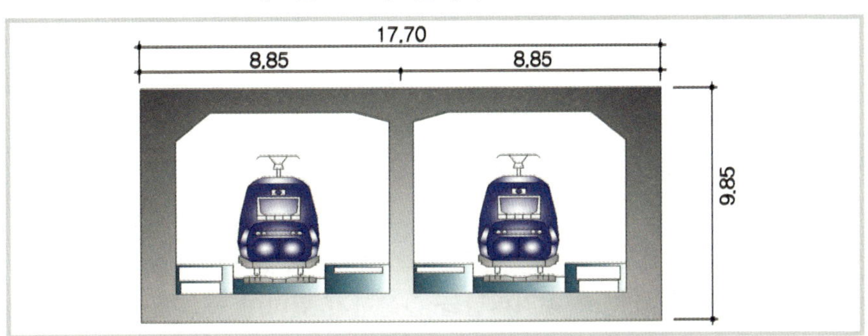

〈그림 5-17〉 침매터널의 단면도

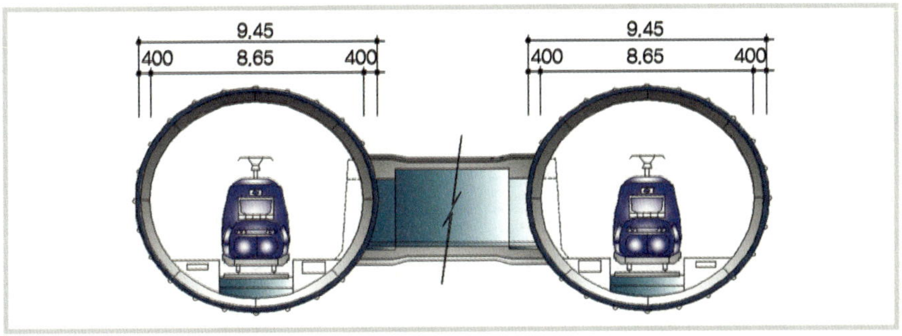

3) 인공섬

인공섬(환기구, 정거장 모두 포함)에서 양방향으로 쉴드장비를 투입하여 굴착하는 것을 가정할 수 있다. 각 인공섬은 40km 간격이며, 인공섬에서 양방향 굴착이 되므로 1방향 굴착의 최대길이는 20km 수준이다. 적정 평균굴진속도를 5m/일로 가정할 때 4,000일, 약 11년 이상이 걸릴 것으로 판단된다. 장비 제작 및 기타 부대공사를 포함하면 실제 13~15년 정도 소요될 것으로 생각된다. 그러나 이는 앞에서도 언급한 바와 같이 기술발달에 따라 10년 이내로 단축될 수 있다.

5. 공사기간과 개략공사비 산정

현재까지 한중 해저터널의 연구는 구상단계로서 본 장에서는 구상노선을 바탕으로 시공성 등을 고려하여 특징 및 장단점을 분석해 보고, 보다 구체적인 대안노선을 제시하고자 하였다. 또한 한국과 중국의 사회기반시설을 고려하여 적절한 설계기준을 제시하고 효율적인 운송수단과 운송방식을 제시하고자 하였다. 향후 한중 해저터널을 건설하기 위하여 필요한 공사비와 공사기간에 대하여 개략적으로 산정해 보고자 한다.

1) 개략공사비 산정의 주안점

(1) 조사

터널공사에 있어서 지반조사는 가장 핵심적인 사항인 만큼 철저하고 신중하게 시행되어야 한다. 지질조사가 이루어지면, 이에 따른 터널의 종단노선이 최종적으로 확정될 수 있을 것이다. 과거에는 TBM이 연약한 지반에서 굴착할 수 있다고 알려져 왔으나, 기술의 발달로 인하여 경암구간에서도 굴착이 가능한 수준이다. 그러나 암질 또는 단층구간을 통과할 때 나타날 수 있는 누수현상 등을 고려하여 TBM의 통과노선을 정해야 할 것이다.

(2) 설계

조사가 이루어지면 이를 바탕으로 설계를 착수하게 된다. 그러나 설계하는 과정에서 추가 조사가 이루어질 수 있다. 하지만 일반적으로 볼 때 큰 변수가 없는 한 조사기간 보다는 적게 걸릴 것으로 예상된다. 해저터널의 경우 조사를 통한 종단 및 노선이 가장 중요한 이슈가 있을 것이며, 이후 육상구간의 터미널 시설에 신중을 기해야 할 것이다. 하지만 충분한 지질조사, 양국의 설계기준 확정이 이루어지면 많은 시간이 걸리지 않을 것으로 예상된다.

(3) 시공

쉴드 TBM의 굴진속도를 고려할 때 다양한 변수를 고려한 적정 평균 굴진 속도는 약 5m/일 정도로 고려하는 것이 타당할 것이다. 그러나 기술발전 속도로 볼 때 1일 10m의 굴진도 가능할 것으로 판단된다. 토공 및 교량구간은 해저터널과 병행하여 시공하므로 공사기간의 Critical Path는 해저구간이 될 것으로 판단된다.

2) 공사기간

조사와 설계는 신중히 검토되어야 하므로 많은 시간이 필요하다. 예산이 충분히 확보된다면 5년 정도면 검토가 완료될 수 있으리라고 사료된다. 시공기간을 10년으로 가정하면 한중 해저터널은 15년 정도의 사업기간이 소요될 것으로 판단된다.

3) 공사금액

인공섬 및 환기구 조성, TBM 장비개발비 등 초기 공사비가 상대적으로 많이 소요되다가 착공 5년 이후에는 연차별 공사비가 점차적으로 감소하는 추세를 나타낼 것으로 예상하였다. 인천~웨이하이 대안은 123조 4,470억 원, 화성~웨이하이 대안은 117조 8,094억 원, 평택·당진~웨이하이 대안은 127조 9,817억 원, 옹진~웨이하이 대안은 72조 5,770억 원으로 예상되었다.

(1) 비교 1안(인천~웨이하이)

공종	연장	단위	단가(억 원)	소계(억 원)	비고
쉴드 1	220,300	m	3.50	771,050	
침매	111,700	m	2.60	290,420	
NATM	4,000	m	2.00	8,000	
교량		m	0.40		
토공		m	0.15		
환기구	5	EA	5,000	25,000	
정거장	1	EA	140,000	120,000	
총계				1,234,470	

(2) 비교 2안(화성~웨이하이)

공종	연장	단위	단가(억 원)	소계(억 원)	비고
쉴드 1	220,300	m	3.50	771,050	
침매	83,700	m	2.60	271,620	
NATM	5,900	m	2.00	11,800	
교량	28,560	m	0.40	11,424	
토공	8,000	m	0.15	1m200	
환기구	5	EA	5,000	25,000	
정거장	1	EA	140,000	140,000	
총계				1,178,094	

(3) 비교 3안(평택·당진~웨이하이)

공종	연장	단위	단가(억 원)	소계(억 원)	비고
쉴드 1	220,300	m	3.50	771,050	
침매	121,780	m	2.60	316,628	
NATM	5,420	m	2.00	10,840	
교량		m	0.40	11,424	
토공	32,500	m	0.15	4,875	
환기구	5	EA	5,000	25,000	
정거장	1	EA	140,000	140,000	
총계				1,279,817	

(4) 비교 4안(옹진~웨이하이)

공종	연장	단위	단가(억 원)	소계(억 원)	비고
쉴드 1	185,000	m	3.50	646,500	
침매	22,000	m	2.60	57,200	
NATM		m	2.00		
교량		m	0.40		
토공	13,800	m	0.15	2,070	
환기구	4	EA	5,000	20,000	
정거장		EA	140,000		
총계				725,770	

참고문헌

1. 기상청. 2008.「지진·지진해일 현황」. http://www.kma.go.kr/neis.
2. 리핑. 2008.「한중 철도연결의 필요성과 실행가능성 분석」. ≪한중 해저터널 구상 세미나≫, 경기개발연구원, 52쪽.
3. 선창국, 목영진, 정충기, 김명모. 2006.「스프링식 횡방향 발진 크로스홀 탄성파 시험을 통한 지반 동적 특성의 합리적 산정」. ≪한국지진공학회 논문집≫, 제10권 제4호, 1~13쪽.
4. 선창국, 정충기, 김동수, 김재관. 2007.「역사 지진 피해 발생 읍성 지역에 대한 부지 고유의 지진 응답 특성 평가」. ≪지질공학≫, 제17권 1호, 1~13쪽.
5. 선창국, 정충기, 김재관. 2008.「쌍계사 오층 석탑 부지의 지진 응답 특성 평가를 통한 1936년 지리산 지진 세기의 정량적 분석」. ≪대한토목학회 논문집≫, 제28권 3C호, 187~196쪽.
6. 지헌철. 2005.「한반도 50년마다 큰 지진이 온다」, ≪과학과 기술≫, 6월호, 60~63쪽.
7. 한국지진공학회. 1997.「내진설계기준연구(II)」. 건설교통부.
8. 허대기 외. 2004.「국내대륙붕 제2광구 석유탐사 유망성 연구」. 한국석유공사.
9. K. Lee, W. S. Yang, 2006. "Historical seismicity of Korea", *Bulletin of the Seismological Society of America*, Vol.96 No.3: 846~855.
10. SCA(Subsurface consultants & Associates, LLC). 2002. 'Tectonostratigraphic Basin Evaluation & Play Concept Study of Balock I & II of the South Yellow Sea', Offshore Korea.

6장_한중 해저터널의 여객 및 화물 수요예측

1. 사회경제지표 현황
2. 사회경제지표 예측
3. 장래 여객발생량 예측
4. 장래 화물발생량 예측

본 장에서는 장래 한중 해저터널을 이용하는 양국간 여객 및 화물 수요를 개략적으로 추정하였다. 일반적인 수요예측은 통행발생, 통행분포, 수단분담, 통행배정의 4단계를 거치나, 본 연구에서는 한중간 해저터널이 한 개의 기종점을 갖고 대체경로가 없는 것을 반영하여 통행발생과 수단분담의 2단계만을 적용하였다. 양국의 여객 및 화물 수요는 각국의 장래 GDP에 연동하여 증가할 것으로 가정하고, GDP 대비 통행발생 원단위를 산정한 후, 이를 장래 GDP에 적용하여 장래 수요를 추정하였다. 단, 화물의 경우 교역량과 교역금액 간 상관관계를 분석하고, GDP 대비 화물 교역액을 기준으로 화물발생 원단위를 산정하여 장래 교역금액을 추정 후, 이를 발생량으로 환산하였다.

〈그림 6-1〉 개략 교통수요 예측과정

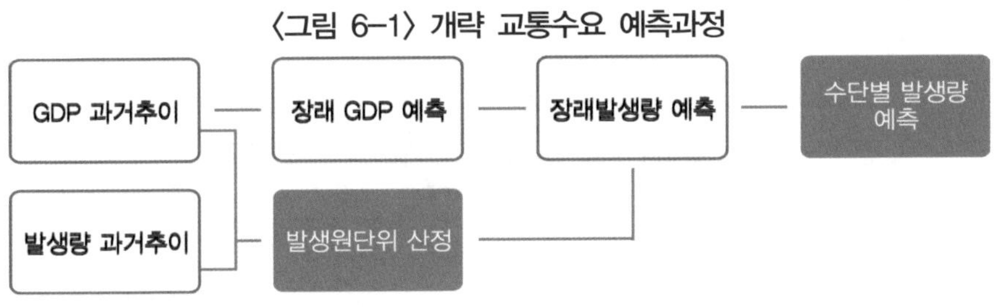

1. 사회경제지표 현황

1) GDP

한국의 GDP는 2001년 481,979백만 달러에서 2007년 949,698백만 달러로 증가하여 전년대비성장률이 연평균 12%의 수준이다. 중국의 GDP는 2001년 1,324,812백만 달러에서 2007년 3,051,243백만 달러로 증가하여 전년대비성장률이 한국과 비교하여 연평균 3%정도 상회하는 15%의 고속성장을 보이고 있다.

〈표 6-1〉 한국·중국의 GDP 추이 (단위: 백만 달러)

구분	2001	2002	2003	2004	2005	2006	2007
한국 (전년대비 성장률)	481,979	547,856 (13.67%)	608,337 (11.04%)	681,227 (11.98%)	791,572 (16.20%)	888,267 (12.22%)	949,698 (6.92%)
중국 (전년대비 성장률)	1,324,812	1,453,837 (9.74%)	1,640,966 (12.87%)	1,931,642 (17.71%)	2,243,688 (16.15%)	2,630,113 (17.22%)	3,051,243 (16.01%)

주: 2007년 불변가격 기준.

〈그림 6-2〉 한국과 중국의 전년대비 GDP 증가율 비교

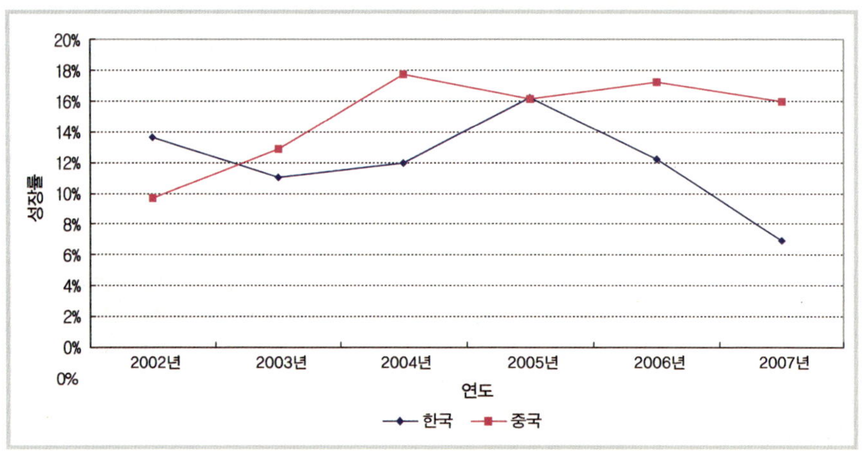

2) 여객수송

중국에서 한국으로의 여객 수는 항공과 해운을 합산하여 2001년 337천 명에서 2005년에는 585천 명으로 증가하여 연평균 16%의 증가율을 보이고 있으며, 특히 2004년, 2005년은 연평균 30%의 높은 증가율을 나타내고 있다. 다만 2006년 이후 출입국통계는 행선지별 구분이 되지 않아 현황검토에 포함하지 않았다. 한국에서 중국으로의 여객 수는 2001년 682천 명에서 2005년에는 2,948천 명으로 중국에서 한국의 여객 수 증가율의 3.4배에 달하는 연평균 54%의 높은 증가율을 보이고 있으며, 최근 2004년, 2005년의 경우에도 연평균 37%의 높은 증가율을 나타내고 있다.

〈표 6-2〉 수단별 여객수송량(중국 → 한국) (단위: 명)

연도	계	증가율	항공						해운			
			소계	인천	김해	김포	제주	기타	소계	부산	인천	기타
2001	337,210	-	303,974	254,496	19,764	-	18,441	11,273	33,236	2,948	28,462	1,826
2002	365,063	8.26	333,532	269,484	1	34,041	20,616	9,390	31,531	2,979	22,529	6,023
2003	344,473	-5.64	304,820	252,160	92	29,930	9,506	13,132	39,653	2,138	32,893	4,622
2004	472,639	37.21	411,478	333,226	995	40,396	17,273	19,588	61,161	1,490	52,854	6,817
2005	585,569	23.89	486,402	393,525	1,746	44,696	20,953	25,482	99,167	1,373	89,390	8,404

자료: 한국관광공사(http://www.visitkorea.or.kr).

〈표 6-3〉 수단별 여객수송량(한국 → 중국) (단위: 명)

연도	계	증가율	항공						해운			
			소계	인천	김해	김포	제주	기타	소계	부산	인천	기타
2001	682,942	-	682,942	682,942	-	-	-	-	-	-	-	-
2002	1,715,774	151.23	1,512,729	1,247,584	168,718	-	-	96,427	203,045	2,566	139,049	61,430
2003	1,565,138	-8.78	1,340,664	1,126,039	137,148	5	-	77,472	224,474	1,333	140,734	82,407
2004	2,324,783	48.54	1,999,801	1,622,138	221,125	135	-	156,403	324,982	465	228,642	95,875
2005	2,948,302	26.82	2,518,608	2,018,203	285,246	64	-	215,095	429,694	174	299,930	129,590

자료: 한국관광공사(http://www.visitkorea.or.kr).

3) 화물수송

중국에서 한국으로의 수출액은 항공과 해운을 합산하여 2001년 12,964백만 달러에서 2007년에는 62,930백만 달러로 증가하여 연평균 30%의 증가율을 보이고 있다. 화물량기준으로는 2001년 33,512천 톤에서 2007년에는 61,463천 톤으로 증가하여 연평균 11%가 증가하였다. 한국에서 중국으로의 수출액은 2001년 18,1778백만 달러에서 2007년 81,933백만 달러로 증가하여 연평균 29%의 증가율을 보이고 있다. 화물량기준으로는 2001년 25,289천 톤에서 2007년에는 33,225천 톤으로 증가하여 연평균 5%가 증가하였다. 한국과 중국의 수출입 화물량 및 교역금액을 종합적으로 검토해 보면, 한중간 교역금액의 연간 증가율

〈표 6-4〉 한중 간 연도별 수출입 화물량 및 교역금액 (단위: 백만 달러, 톤)

구분	연도	계		항공		해운	
		금액	중량	금액	중량	금액	중량
중국 → 한국	2001	12,964	33,511,886	2,165	26,165	10,799	33,485,721
	2002	17,062	41,752,598	3,112	32,017	13,950	41,720,581
	2003	21,536	47,385,312	4,543	38,228	16,993	47,347,084
	2004	29,186	44,892,876	6,732	49,581	22,454	44,843,295
	2005	38,238	49,625,451	8,918	60,868	29,320	49,564,583
	2006	48,355	52,374,498	11,412	73,860	36,943	52,300,638
	2007	62,930	61,463,445	14,324	80,978	48,606	61,382,467
한국 → 중국	2001	18,178	25,288,840	1,439	24,565	16,739	25,264,275
	2002	23,739	22,841,863	4,714	41,250	19,025	22,800,613
	2003	35,084	28,509,323	8,642	64,248	26,442	28,445,075
	2004	49,744	31,266,485	13,289	76,196	36,455	31,190,289
	2005	61,898	31,326,565	17,767	90,415	44,131	31,236,150
	2006	69,439	36,283,664	17,358	71,236	52,081	36,212,428
	2007	81,933	33,224,546	22,547	86,792	59,386	33,137,754

자료: 관세청(http://www.customs.go.kr).

이 30%로 높은 성장률을 보이는 반면, 화물량의 연평균 증가율은 5% 또는 11%로 상대적으로 낮아져, 양국 간 수출입이 저가품목에서 고가품목으로 변경되고 있는 것으로 분석되며, 이러한 추세는 계속될 것으로 예측할 수 있다.

2. 사회경제지표 예측

장래 한중 양국의 GDP 전망에서 한국의 경우 낙관적 전망치는 우리정부의 정부민간합동작업단이 작성한 "비전 2030"(2006.8)을 기준으로 하였다. 중국의 경우 2005년, 2010년 경제성장률은 현 수준을 유지하고, 2030년 이후 경제

〈표 6-5〉 장래 양국 GDP 예측결과(전망) (단위: 백만 달러)

구분		2005	2010	2015	2020	2025	2030	2040
한국	낙관적	791,572	1,005,467 (4.90%)	1,241,050 (4.30%)	1,531,831 (4.30%)	1,758,638 (2.80%)	2,019,027 (2.80%)	2,661,174 (2.80%)
	중립적	791,572	959,370 (3.92%)	1,136,132 (3.44%)	1,345,461 (3.44%)	1,503,057 (2.24%)	1,679,112 (2.24%)	2,095,502 (2.24%)
	비관적	791,572	914,979 (2.94%)	1,039,261 (2.58%)	1,180,424 (2.58%)	1,282,968 (1.68%)	1,394,420 (1.68%)	1,647,210 (1.68%)
중국	낙관적	2,243,688	4,712,511 (16.00%)	7,641,435 (10.15%)	12,390,745 (10.15%)	15,293,925 (4.30%)	18,877,328 (4.30%)	24,881,219 (2.80%)
	중립적	2,243,688	4,097,396 (12.80%)	6,053,941 (8.12%)	8,944,753 (8.12%)	10,592,803 (3.44%)	12,544,503 (3.44%)	15,655,317 (2.24%)
	비관적	2,243,688	3,548,258 (9.60%)	4,768,563 (6.09%)	6,408,549 (6.09%)	7,279,025 (2.58%)	8,267,737 (2.58%)	9,766,570 (1.68%)

주: 2007년 불변가격 기준.

성장률은 한중 간 경제성장율 적용간격 10년을 적용하여 낙관적 성장률 2030년 4.30%, 2040년 2.80%를 적용하였다. 이와 같은 가정 하에 양국의 GDP를 전망하면, 한국의 경우 낙관적 기준으로 2020년 1,531,831백만 달러, 2030년 2,019,027백만 달러, 그리고 2040년 2,661,174백만 달러로 예측되며, 중국의 경우 2020년 12,390,745백만 달러, 2030년 18,877,328백만 달러, 그리고 2040년 24,881,219백만 달러로 예측되었다. 이와 같은 결과는 골드만삭스 세계경제 예측보고서(Global Economics Paper No: 118)의 각국 GDP예측 치와 비교하면 2040년을 기준으로 할 때, 한국의 경우는 3,229,000백만 달러 대비 82%, 중국의 경우는 26,690,000백만 달러 대비 93% 수준이다.

3. 장래 여객발생량 예측

1) 통행발생원단위

한국과 중국 양국의 최근 5년간 GDP 대비 여객통행발생량을 비교해 본

결과 일정한 비율을 유지하는 것으로 검토되었으며, 구체적으로 GDP대비 여객통행발생원단위는 한국인 출국의 경우 평균 3.21(인/백만 달러), 중국인 입국의 경우 0.24(인/백만 달러)로 산정되었다.

2) 장래 여객발생량 예측

장래 여객발생량은 GDP전망에 통행발생원단위를 적용하여 산정하였으며, 낙관적 관점에서 장래 여객통행은 한국인의 중국 방문객은 2025년 5,646천명, 2030년 6,482천명, 2040년 8,544천명, 중국인의 한국 방문객은 2025년 3,696천명, 2030년 4,562천명, 2040년 6,013천명으로 추정되었다.

〈표 6-6〉 장래 여객통행 발생원단위 산정 (단위: 백만 달러, 명)

구분		평균	2015	2020	2025	2030	2040
한국 → 중국	GDP(A)		481,979	547,856	608,337	681,227	791,572
	통행발생량(B)		682,942	1,715,774	1,565,138	2,324,783	2,948,302
	원단위(B/A)	3.21	1.42	3.13	2.57	3.41	3.72
중국 → 한국	GDP(C)		1,324,812	1,453,837	1,640,966	1,931,642	2,243,688
	통행발생량(D)		337,210	365,063	344,473	472,639	585,569
	원단위(D/C)	0.24	0.25	0.25	0.21	0.24	0.26

〈표 6-7〉 장래 여객통행 발생량 예측결과 (단위: 명)

구분		2010	2015	2020	2025	2030	2040
한국 → 중국	낙관적	3,228,019	3,984,351	4,917,894	5,646,050	6,482,019	8,543,611
	중립적	3,080,026	3,647,513	4,319,560	4,825,515	5,390,734	6,727,540
	비관적	2,937,511	3,336,514	3,789,714	4,118,927	4,476,739	5,288,313
중국 → 한국	낙관적	1,138,886	1,846,728	2,994,507	3,696,127	4,562,138	6,013,116
	중립적	990,230	1,463,073	2,161,704	2,559,993	3,031,666	3,783,466
	비관적	857,518	1,152,432	1,548,773	1,759,143	1,998,088	2,360,315

3) 장래 한중 해저터널 여객수요 예측

한국과 중국 양국간 장래 여객발생량 중 한중 해저터널의 여객수요는 영불 해저터널의 현재 여객수단 분담률을 고려하여 35%를 적용하였다. 한중 해저터널이 2025년 개통되는 것으로 가정할 때, 수단여객수요(왕복)는 낙관적 기준으로 2025년 3,270천명, 2030년 3,865천명, 그리고 2040년 5,095천명으로 추정되었다.

〈표 6-8〉 유로터널 영국-프랑스 구간의 수단별 여객수송 현황 (단위: 천 명)

구분		2002	2003	2004
소계	여객수 분담비	3,076 (100.0%)	3,073 (100.0%)	3,252 (100.0%)
항공	여객수 분담비	987 (32.1%)	1,047 (34.1%)	1,114 (34.3%)
해운	여객수 분담비	986 (32.1%)	832 (27.1%)	919 (28.3%)
터널 (영불 해저터널)	여객수 분담비	1,103 (35.9%)	1,194 (38.9%)	1,219 (37.5%)

〈표 6-9〉 장래 한중 해저터널 여객수요 예측결과 (단위: 명)

구분		2025	2030	2040
합계 (왕복)	낙관적	3,269,762	3,865,455	5,094,854
	중립적	2,584,928	2,947,840	3,678,852
	비관적	2,057,325	2,266,189	2,677,020
한국 → 중국	낙관적	1,976,118	2,268,707	2,990,264
	중립적	1,688,930	1,886,757	2,354,639
	비관적	1,441,624	1,566,859	1,850,910
중국 → 한국	낙관적	1,293,644	1,596,748	2,104,591
	중립적	895,998	1,061,083	1,324,213
	비관적	615,700	699,331	826,110

4. 장래 화물발생량 예측

1) 통행발생원단위

한국과 중국 양국의 최근 5년간 GDP 대비 화물발생원단위(금액기준)는 한국 대중국 수출액의 경우 평균 0.08, 중국으로부터 수입액의 경우 0.02로 산정되었다.

2) 장래 화물발생량 예측

장래 수출입 교역액은 GDP전망에 화물발생원단위를 적용하여 산정하였다. 한국 대중국 수출액의 경우 낙관적 기준에서 2025년 138,785백만 달러, 2030년 159,333백만 달러, 2040년 210,009백만 달러, 중국으로부터 수입액의 경우 2025년 272,084백만 달러, 2030년 335,834백만 달러, 2040년 442,646백만 달러로 추정되었다.

본 연구에서는 장래 수출입 교역액을 화물량으로 환산하기 위하여 최근 7년간의 교역금액 대비 화물량 환산비를 검토하였다. 화물량 환산비(톤/백만 달러)는 한국의 대중국 수출의 경우 2005년 506, 2007년 406으로 2005년 이후

〈표 6-10〉 장래 화물발생원단위 산정 (단위: 백만 달러)

구분		평균	2015	2020	2025	2030	2040
한국 → 중국	GDP(A)		608,337	681,227	791,572	888,267	949,698
	통행발생량(B)		35,084	49,744	61,898	69,439	81,933
	원단위(B/A)	0.08	0.06	0.07	0.08	0.08	0.09
중국 → 한국	GDP(C)		1,640,966	1,931,642	2,243,688	2,630,113	3,051,243
	통행발생량(D)		21,536	29,186	38,238	48,355	62,930
	원단위(D/C)	0.02	0.01	0.02	0.02	0.02	0.02

〈표 6-11〉 장래 수출입 교역액 예측 (단위: 백만 달러)

구분		2010	2015	2020	2025	2030	2040
한국 → 중국	낙관적	79,347	97,939	120,886	138,785	159,333	210,009
	중립적	75,710	89,659	106,178	118,615	132,509	165,368
	비관적	72,206	82,014	93,154	101,247	110,042	129,991
중국 → 한국	낙관적	83,837	135,944	220,436	272,084	335,834	442,646
	중립적	72,894	107,702	159,130	188,450	223,171	278,514
	비관적	63,125	84,834	114,010	129,496	147,086	173,751

주: 2007년 불변가격 기준.

〈표 6-12〉 교역금액 대비 화물량(중량) 환산비 (단위: 백만 달러, 톤)

구분	연도	합계				항공				해운			
		환산비 (증가율)	환산비 (B/A)	금액 (A)	중량 (B)	환산비 (증가율)	환산비 (B/A)	금액 (A)	중량 (B)	환산비 (증가율)	환산비 (B/A)	금액 (A)	중량 (B)
한국 → 중국	2001	−30.8	1,391	18,178	25,288,840	−48.7	17	1,439	24,565	−20.6	1,509	16,739	25,264,275
	2002	−15.5	962	23,739	22,841,863	−15.0	9	4,714	41,250	−10.2	1,198	19,025	22,800,613
	2003	−22.6	813	35,084	28,509,323	−22.9	7	8,642	64,248	−20.5	1,076	26,442	28,445,075
	2004	−19.5	629	49,744	31,266,485	−11.2	6	13,289	76,196	−17.3	856	36,455	31,190,289
	2005	3.2	506	61,898	31,326,565	−19.4	5	17,767	90,415	−1.8	708	44,131	31,236,150
	2006	−22.4	523	69,439	36,283,664	−6.2	4	17,358	71,236	−19.7	695	52,081	36,212,428
	2007		406	81,933	36,283,664		4	22,547	86,792		558	59,386	33,137,754
중국 → 한국	2001	−5.3	2,585	12,964	33,511,886	−14.9	12	2,165	26,165	−3.6	3,101	10,799	33,485,721
	2002	−10.1	2,447	17,062	41,752,598	−18.2	10	3,112	32,017	−6.8	2,991	13,950	41,720,581
	2003	−30.1	2,200	21,536	47,385,312	−12.5	8	4,543	38,228	−28.3	2,786	16,993	47,347,084
	2004	−15.6	1,538	29,186	44,892,876	−7.3	7	6,732	49,581	−15.4	1,997	22,454	44,843,295
	2005	−16.5	1,298	38,238	49,625,451	−5.2	7	8,918	60,868	−16.3	1,690	29,320	49,564,583
	2006	−9.8	1,083	48,355	52,374,498	−12.7	6	11,412	73,860	−10.8	1,416	36,943	52,300,638
	2007		977	62,930	61,463,445		6	14,324	80,978		1,263	48,606	61,382,467

〈표 6-13〉 장래 화물발생량 예측 (단위: 천 톤)

구분		2010	2015	2020	2025	2030	2040
한국 → 중국	낙관적	20,100	13,521	9,141	7,114	5,574	3,450
	중립적	19,179	12,378	8,029	6,080	4,635	2,701
	비관적	18,291	11,322	7,044	5,190	3,849	2,123
중국 → 한국	낙관적	50,808	49,400	50,105	48,603	49,470	44,363
	중립적	44,176	39,137	36,170	33,663	32,874	27,914
	비관적	38,256	30,828	25,914	23,132	21,666	17,414

-12.9%의 감소율을 나타내고 있으며, 중국으로부터 수입의 경우 2005년 1,298, 2007년 977로 수출을 1%정도 상회하는 -14.0%의 감소율을 보이고 있다. 수단별로 살펴보면, 한국의 대중국 수출의 경우 2005년 이후 항공의 환산비는 -12.3%, 해운 -12.9%, 수입의 경우 항공 -8.4%, 해운 -14.1%로 해운의 감소율이 항공에 비해 높게 나타났다.

장래 화물발생량을 2005년 이후 교역금액 대비 화물량 환산비 추이를 반영하여 추정하면, 한국 대중국 수출량의 경우 낙관적 기준에서 2025년 7,114천 톤, 2030년 5,574천 톤, 2040년 3,450천 톤, 중국으로부터 수입량의 경우 2025년 48,603천 톤, 2030년 49,470천 톤, 2040년 44,363천 톤으로 추정되었다.

3) 장래 한중 해저터널 화물발생량 예측

한국과 중국 양국 간 수출입 화물수요의 수단분담비를 수단별 교역금액 대비 화물량 환산비 추이를 반영하여 추정하였다. 다만 한중 해저터널의 수요는 항공수요의 35%로 가정하였다. 수단별 화물수요는 교역액 기준으로는 2025년 이후 항공 19.4%, 해운 70.2%, 터널 10.4%로 변동이 없으나, 교역량(중량) 기준으로 2025년 항공 0.2%, 해운 99.6%, 터널 0.1%에서 2040년 항공 0.5%, 해운 99.3%, 터널 0.2%로 항공과 터널 수요가 증가할 것으로 예측하였다. 장래 한중 해저터널의 수출입 화물수요는 낙관적 관점에서 한국의 대중국

〈표 6-14〉 장래 한중 해저터널 여객수요 예측결과 (단위: 백만 달러, 톤)

구분		2025		2030		2040	
		금액	중량	금액	중량	금액	중량
계	소계	410,869 (100.0%)	55,716,956 (100.0%)	495,168 (100.0%)	55,043,140 (100.0%)	652,655 (100.0%)	47,792,963 (100.0%)
	항공	79,540 (19.4%)	136,229 (0.2%)	95,888 (19.4%)	166,801 (0.3%)	126,384 (19.4%)	219,851 (0.5%)
	해운	288,499 (70.2%)	55,507,373 (99.6%)	347,648 (70.2%)	54,786,523 (99.5%)	458,217 (70.2%)	47,454,730 (99.3%)
	터널	42,829 (10.4%)	73,354 (0.1%)	51,632 (10.4%)	89,816 (0.2%)	68,053 (10.4%)	118,381 (0.2%)
한국 → 중국	소계	138,785 (100.0%)	7,114,433 (100.0%)	159,333 (100.0%)	5,573,633 (100.0%)	210,009 (100.0%)	3,429,557 (100.0%)
	항공	26,543 (19.1%)	15,626 (0.2%)	30,473 (19.1%)	17,939 (0.3%)	40,165 (19.1%)	23,645 (0.7%)
	해운	97,949 (70.6%)	7,090,393 (99.7%)	112,452 (70.6%)	5,546,034 (99.5%)	148,216 (70.6%)	3,393,180 (98.9%)
	터널	14,292 (10.3%)	8,414 (0.1%)	16,409 (10.3%)	9,660 (0.2%)	21,627 (10.3%)	12,732 (0.4%)
중국 → 한국	소계	272,084 (100.0%)	48,602,524 (100.0%)	335,834 (100.0%)	49,469,507 (100.0%)	442,646 (100.0%)	44,363,406 (100.0%)
	항공	52,997 (19.5%)	120,604 (0.2%)	65,414 (19.5%)	148,861 (0.3%)	86,219 (19.5%)	196,206 (0.4%)
	해운	190,550 (70.0%)	48,416,979 (99.6%)	235,197 (70.0%)	49,240,490 (99.5%)	310,001 (70.0%)	44,061,5501 (99.3%)
	터널	28,537 (10.5%)	64,940 (0.1%)	35,223 (10.5%)	80,156 (0.2%)	46,426 (10.5%)	105,650 (0.2%)

주: 2007년 불변가격 기준.

수출액의 경우 2025년 14,292백만 달러(8,414톤), 2030년 16,409백만 달러(9,660톤), 2040년 21,627백만 달러(12,732톤), 중국으로부터 수입액의 경우 2025년 28,537백만 달러(64,940톤), 2030년 35,223백만 달러(80,156톤), 2040년 46,426백만 달러(105,650톤)로 추정되었다.

7장_해저터널과 철도기술

1. 세계 주요 해저터널의 철도기술 사례
2. 해저터널에 적용가능한 철도 기술
3. 새로운 철도기술 도입을 기대하며

해저터널은 바다로 인해 단절되어 있는 대륙과 대륙, 또는 대륙과 섬을 도로나 철도 등 육상 교통수단으로 연결하는 인프라로서 기존의 육상교통과 직접적인 연결이 가능하기 때문에 해상교통에 비해 신속한 운행이 가능하고, 환승 및 환적이 필요 없기 때문에 편리한 운송이 가능하다는 것이 가장 큰 장점이라고 볼 수 있다. 해저터널은 밀폐된 구조로 인하여 탈출, 대피가 쉽지 않고 공기의 순환이 힘들기 때문에 안전의 문제가 가장 관건이 되는 시스템이며, 이로 인하여 도로교통보다는 철도교통이 더 선호된다. 철도는 중앙집중식으로 제어되는 궤도교통이므로 충돌의 위험이 적으며, 전기에너지를 사용하기 때문에 충돌 시에도 화재의 발생으로 인한 2차적 피해의 발생 가능성이 낮다. 그러나 도로교통의 경우에는 운전자 개인에 의해 차량이 제어되므로 안전도를 통제하기 힘들며, 충돌 시 화재의 발생 및 확산에 의한 대규모의 재난 발생이 우려된다. 따라서 대부분의 해저터널은 철도시스템을 근간으로 건설되거나 계획되고 있으며, 특히 장거리 노선에 적용될 경우에는 여행시간을 줄이기 위해 고속의 철도시스템이 요구되고 있는 실정이다. 본 장에서는 해저터널에 적용되거나 적용 가능한 현재의 철도기술과 현재 구상 중이거나 개발 중인 가까운 미래에 적용 가능한 신기술에 대해서 고찰하였다.

1. 세계 주요 해저터널의 철도기술 사례

1) 세이칸 해저터널

세이칸 해저터널은 일본 혼슈(本州)와 홋카이도(北海道)를 잇는 해저터널로서 길이는 53.9km(해저 부분 23.3km), 터널 안지름은 9.6m이다. 혼슈의 북단인 아오모리(青森)와 홋카이도의 하코다테(函館) 사이를 바다 밑(해저 아래 100m)으로 연결하는 터널이다. 1964년 3월 터널 공사를 시작하여 1985년 3월에

〈그림 7-1〉 세이칸 터널 노선도

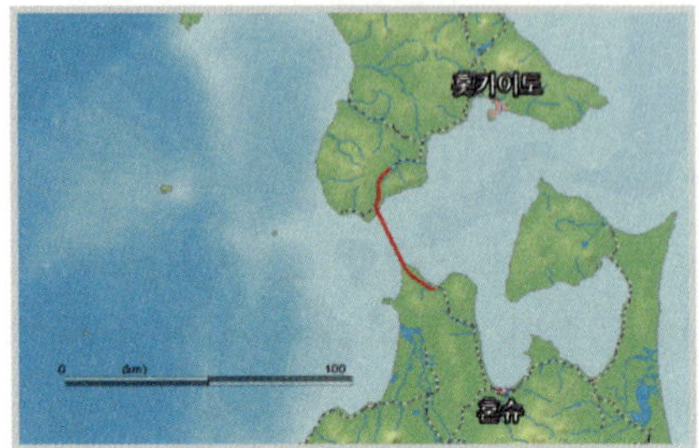

자료: http://www.demis.nl.

〈그림 7-2〉 세이칸 터널 단면도

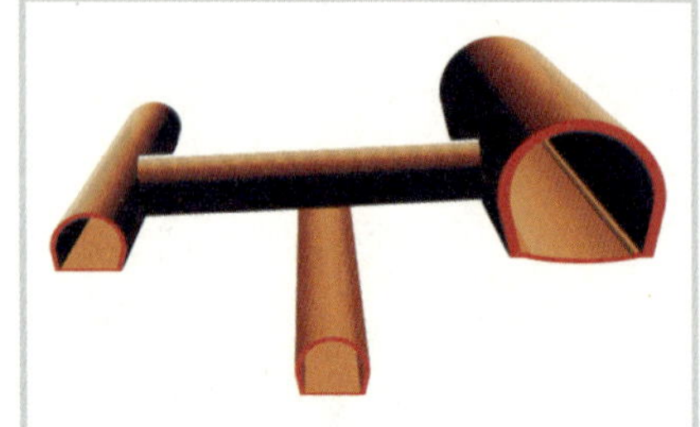

자료: http://de.wikipedia.org.

터널을 관통하고 1988년 3월 정식으로 개통하였으며, 횡단하는 데 약 43분이 걸린다. 메인 터널은 신칸센 고속열차의 통행을 위해 설계되었으나, 불행히도 신칸센 운행을 위해 소요되는 비용이 너무 높은 것으로 나타났기 때문에 기존 철도를 운행하는 등 원래의 계획에 비해 제한적으로 사용되고 있는 실정이다. 사실, 오늘날 혼슈와 홋카이도를 연결하는 항공 노선이 더 빠르고 비용면에서도 차이가 없다.

2) 채널 터널(Channel Tunnel)

채널터널은 1994년 도버해협을 육로로 연결하기 위해 영국의 포크스톤과 프랑스의 칼레 구간에 건설된 해저터널이다. 영국인들은 도버해협이라고 하고, 프랑스 사람들은 칼레해협이라고 일컫는 영불해협의 정식명칭은 '채널(Channel)' 이라 하며, 이 해협을 육로로 연결시키는 터널의 공식명칭은 '채널터널(Channel Tunnel)' 또는 채널과 터널을 합성한 신조어인 '처널(Chunnel)' 로 명명된다. 채널터널은 유로터널(Euro Tunnel)이라고 불리기도 하는데, 이 명칭은 이 터널의 건설과 유지관리를 전담하는 민간회사의 이름이다. 이 회사는 영불 양국정부로부터 건설공사 준공 후 운영, 유지관리에 이르기까지 일체의 권한을 착공시점부터 55년 동안 위임받아 관리한 후, 2042년에 양국정부에 소유권을 넘겨주게 된다. 유로터널사는 150억 달러에 달하는 막대한 공사비를 정부의 자금지원이나 보증 없이 주식공모와 은행융자로 조달했다.

〈그림 7-3〉 채널터널과 유로스타 단면도

자료: http://www.klett.de.

터널 길이는 50km이고 주 터널의 간격은 30m이며, 해저 지층의 평균 45m 깊이에서 터널 굴착을 하였다. 주 터널의 직경은 7.6m로서 각 터널에는 단선 철도노선이 설치되었다. 중간에 있는 서비스 터널은 직경 4.8m이고, 특수 제작된 서비스 전용차량이 운행될 수 있도록 되어 있다. 세 개의 터널은 비상사태발생에 대비하여 매 375m 길이마다 횡단 통로로 연결되어 있다. 이 횡단 통로는 환기 및 유지 관리용 출입구로 이용된다. 또한, 두 개의 기차 전용 터널은 운행시의 내부 공기압 조절을 위해 매 200m마다 피스톤 릴리프 밸브로 상호 연결되어 있다. 세 터널 모두 콘크리트 라이닝으로 마감되어 있다.

프랑스 떼제베(TGV)의 초특급 열차인 유로스타가 이 터널을 달리고 있으며 런던~파리 간 495km를 최고속도 300km/h(터널 내에서는 160km/h)로 주파하여 개통 초기에는 3시간 만에 이동하였으며, 최근 영국 내 구간에서의 고속 선로 개통으로 2시간까지 운행시간이 단축되었다.

〈그림 7-4〉 대서양 횡단터널 예상 노선도

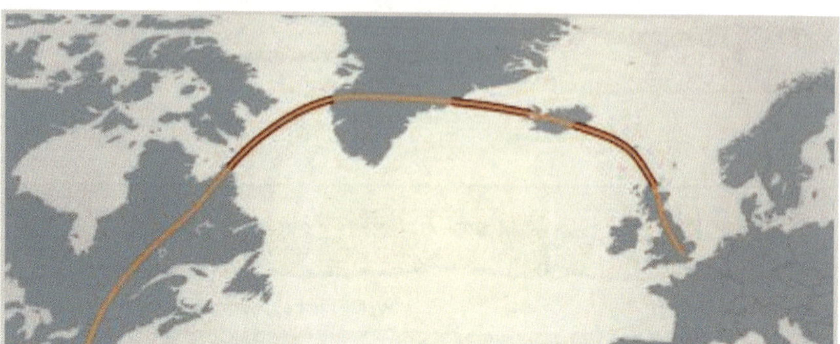

자료: http://www.popsci.com/gear-gadgets/gallery/2004-11/trans-atlantic-maglev.

3) 대서양 횡단터널 (Transatlantic tunnel) 구상

대서양 횡단터널은 해저 바닥에서 케이블로 지지되고 대서양 해수면 아래 45m에서 90m 사이에서 부력으로 부양하는 진공터널 내를 초고속의 자기부상 열차가 운행하는 대담한 계획으로서, 뉴욕의 Penn 역에서 기차에 탑승하면 파리, 런던 혹은 브뤼셀을 한 시간 이내에 도달할 수 있으며, "기술적인 관점에서 보자면 심각한 장애물은 전혀 없다." 고 전직 MIT의 해양공학과 교수인 Ernst Frankel은 말한다. Frankel과 전직 MIT 연구원이자 최초의 공식적인 영국 채널터널 연구그룹의 초창기 멤버인 Frank Davidson에 의해 계획된 바에 의하면, 중립 상태에서 부력에 의한 부양력을 갖는 터널을 해저 바닥에 케이블로 고정시킴으로서 대서양 해수면 아래 45m에서 90m 사이에 위치하기 때문에 심해의 높은 압력을 피할 수 있다. 그리고 터널 내의 공기를 모두 뽑아내어 진공상태를 만든 후 최고속도 6,400km/h의 자기부상열차로 한 시간 내에 대서양을 통과한다. 대서양 횡단터널의 건설에 소요되는 비용은 1마일 당 2,500만 달러에서 5,000만 달러(1km 당 1조 5천억 원에서 3조 원)로 추산되는데, 가장 큰 문제점으로는 안전을 들 수 있다. 그러나 Davidson은 시험을 통해 우려를 약화시킬 수 있다고 믿으며 이렇게 말한다. "가령 온타리오 호수를 가로지르는 터널을 건설한다면 터널이 동적인 조건에 어떻게 반응하는지를 보여줄 것이

〈그림 7-5〉 대서양 횡단터널 단면도

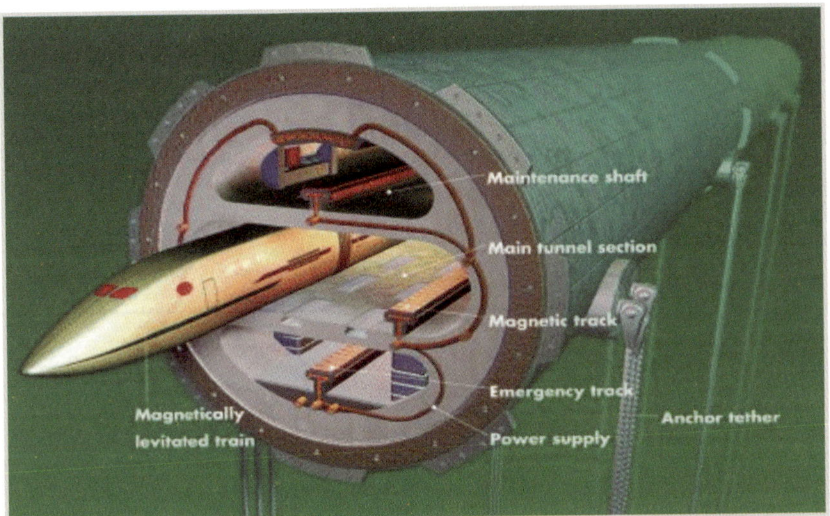

자료: http://www.popsci.com/gear-gadgets/gallery/2004-11/trans-atlantic-maglev.

고, 비용을 좀 더 정확하게 예측할 수 있게 해줄 것이다. 대서양횡단터널은 실현될 것이다. 우리가 달에 도달했던 것에 관심을 가졌던 것처럼 이 문제에 관심을 갖기만 하면 된다."

너무나 대담하고 거대한 계획이므로 현실성이 떨어져 보이기도 하지만 기술적인 면에서 볼 때에는 착상과 기술대안들이 잘 조합된 훌륭한 시스템이며, 사회적인 요구가 뒷받침된다면 우리의 예상보다 훨씬 일찍 현실화될 수도 있을 것이다.

2. 해저터널에 적용가능한 철도 기술

1) 고속철도 기술

현재 고속철도가 적용된 해저터널은 이미 채널터널에서 구현되었고, 세이

〈그림 7-6〉 한국형 고속전철 시제차의 주행저항

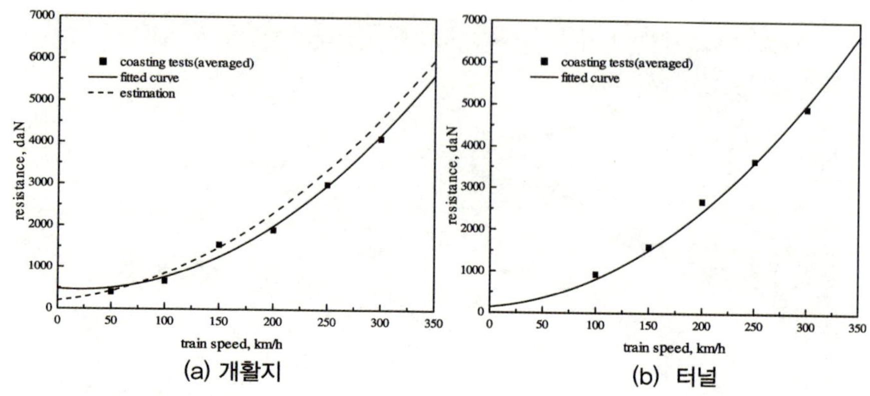

(a) 개활지 (b) 터널

〈표 7-1〉 해저터널 직경 및 열차운행속도

구분	터널형식	터널직경 (원형으로 환산)	터널 단면적	열차 운행속도
세이칸 터널	단선	9.6m	72.38m²	75km/h
채널 터널	단선	7.6m	45.36m²	160km/h
경부고속선	복선	11.67m	107m²	300km/h

칸 터널의 경우에도 설계 초기에 신칸센의 도입을 계획했던 만큼 기술적인 적용은 충분히 가능할 것으로 예상된다. 다만 터널 내에서는 평지에 비해 주행저항이 크게 증가하게 되는데, 이는 고속에서의 주행저항의 대부분을 차지하는 공기저항이 평지보다 터널 내에서 더 커지기 때문이다.

〈그림 7-6〉에서 보는 바와 같이 한국형 고속전철 시제차(Hanvit 350)의 경우, 300km/h 속도로 주행 시 터널에서의 주행저항값은 4930.7daN으로 평지에서의 주행저항값 4021.7daN에 비하여 22.6% 증가하는 것으로 나타났다. 그리고 400km/h로 속도가 증가할 경우 예상되는 터널 내 주행저항은 8264.7daN으로 평지에서의 주행저항값 6648.7daN에 비해 24.3% 증가하는 것으로 나타났으며, 열차의 속도가 증가할수록 평지 대비 터널 내에서의 공기저항이 더 커질 것으로 예상할 수 있다.

〈표 7-1〉에서 나타난 바와 같이 경부고속선은 복선 터널로서 세이칸 터널이나 채널 터널과 같은 단선에 비해 터널 단면적이 비교적 크다. 그러나 해

저터널에 고속철도시스템을 적용할 경우에는 현재 건설 중인 대부분의 장대 터널처럼 대피 공간의 확보나 화재로 인한 화염이나 연기를 차단하기 위하여 단선 터널이 채택될 가능성이 더 많기 때문에 고속에서의 터널 내 주행저항 증가가 설계의 중요한 고려사항이 될 것으로 보인다.

채널 터널의 경우에는 저속차량과 혼합운행을 위하여 터널 내 최고속도를 160km/h로 설정하였지만, 300km/h의 고속운행을 위해서는 터널 설계 시에 공기저항 문제를 감안하여 터널의 단면적을 결정하고, 압력파 등의 공기역학적인 문제를 해결하여야 할 것이다.

터널 내에서의 공기저항의 증가는 에너지 소모를 증가시켜 운영비용을 증가시키는 요인이 될 뿐만 아니라 휠/레일 방식의 철도시스템의 기술적 적용을 어렵게 하는 원인이 될 수도 있다. 휠/레일 방식의 철도시스템은 차륜과 레일의 점착력의 한계로 인하여 최고속도의 한계를 갖게 되는데, 현재 500km/h 내외로 예상되는 최고속도의 한계가 터널에서는 공기저항의 증가로 인하여 더 낮아질 수도 있다. 따라서 휠/레일 방식의 고속철도시스템을 해저터널에 적용할 경우 열차의 속도를 낮추어 운행하여야 하며, 속도의 증가를 위해서는 터널의 단면적을 크게 건설하여야 하기 때문에 건설비용이 증가하는 문제점이 있다.

해저터널 내에서의 최고속도를 결정하는 일은 차량에 가해지는 공기저항의 증가와 점착력 감소에 의해 결정되는 기술적인 속도한계 뿐만 아니라 터널의 단면의 크기에 따른 건설비용의 증가 등을 함께 고려하여 이루어져야 한다.

2) 자기부상철도 기술

자기부상철도 기술은 기존 철도망과의 호환성이 낮다는 단점에도 불구하고 바퀴방식 고속철도의 기술적 속도 한계를 극복할 수 있는 유력한 대안으로 보여지며 해저터널의 고속화를 위해서 우선적으로 고려될 수 있는 기술이다.

자기부상철도의 역사는 독일의 Hermann Kemper가 1934년 특허를 출원한 이래, '60년대의 도약기, '70~'80년대의 성숙기, '90년대의 시험기를 거쳐 마침

〈표 7-2〉 자기부상식과 바퀴식 열차시스템의 비교

구분	자기부상열차	바퀴식열차
진동과 소음	기계적 무접촉 60~65[dB]	바퀴와 선로의 접촉 75~80[dB]
안정성	탈선의 위험 없음	작은 결함에 의해서도 탈선가능
선로	경량차량과 분산 하중 → 경량화가능	중량차량과 집중 하중 → 강화구조
유지보수	아주 약간	바퀴, 기어, 선로 등 주기적인 보수 필요
경사주행	약 80~100/1000	약 30~50/1000
곡선주행	곡선반경 30[m]	곡선반경 150[m]

내 2003년 중국 상하이에서 상용화가 이루어졌다. 자기부상철도는 시스템 원리상 기존의 바퀴식 철도에 비하여 많은 장점들을 가지고 있다.

① 바퀴와 선로에서 발생하는 마모의 제거로 인한 유지보수 비용의 감소
② 열차 무게의 분산으로 선로의 공사비용 절감
③ 선로의 구조적 특성상 탈선의 위험 제거
④ 바퀴의 부재로 인하여 접촉에서 발생하는 소음 및 진동 감소
⑤ 비접촉 운행으로 미끄러짐 방지
⑥ 급경사 급곡선 주행성능 개선
⑦ 급가감속 가능
⑧ 기어, 커플링, 축, 베어링 등과 같은 기계적 구조물의 불필요
⑨ 날씨의 영향 감소

그러나 자기부상철도에는 휠과 레일 사이에 접촉이 존재하지 않으므로, 선로와의 전자기적 상호 작용을 통하여 반드시 추진력뿐만 아니라, 제동력도 제공하여야 한다. 〈표 7-2〉는 자기부상식과 바퀴식 열차시스템의 비교를 나타낸 것으로, 대략적으로 자기부상열차가 일반열차보다 우수함을 알 수 있다.

일본의 경우에는 일본 최초의 고속열차인 도카이도 신칸센이 개통되기 전부터 초고속 자기부상열차의 필요성이 제기되면서 1962년 리니어모터에 의한 추진시스템의 조사를 시작으로 연구개발의 역사가 시작되었다. 당시 JR

〈그림 7-7〉 독일(좌)과 일본(우)의 초고속 자기부상열차

자료: http://www.thyssenkrupp.com., The Transrapid in Munich. http://www.rtri.or.jp.

부설연구소에 초고속철도연구회를 설치하고 종래의 바퀴식 철도의 속도 한계를 극복하기 위한 다양한 추진방식에 대한 조사 및 모의실험과 함께 차량의 지지를 위한 공기부상, 영구자석 또는 초전도 자석에 의한 반발식 자기부상 등의 기초 연구를 실시하였다. 이러한 기초연구를 통하여 초고속 자기부상열차를 구현하기 위한 기술로서 초전도 반발식 자기부상방식으로 결정하였고 1970년 당시 일본 교통성의 지원하에 본격적인 연구개발에 착수하게 되었다.

1972년에는 초전도 자기부상 LSM(Linear Synchronous Motor) 추진 실험차인 LSM200과 초전도 자기부상 LIM(Linear Induction Motor) 추진 실험차인 ML100으로서 자기부상주행실험에 성공함으로써 초전도에 의한 초고속 자기부상열차의 실현 가능성을 확인하였다. 이러한 성과를 바탕으로 1977년에는 500km/h의 주행가능성을 확인하기 위하여 미야자키현에 길이 7km의 실 규모에 가까운 시험선을 건설하고, 시험차인 ML500에 의한 주행 시험을 실시하여 1979년에 목표 최고속도인 500km/h를 초과한 무인 517km/h의 속도를 달성하였다.

3) 진공튜브철도 기술

자기부상기술을 해저터널에 적용하더라도 터널 내에서 400km/h 이상의 속도를 달성하기 위해서는 또 다른 기술적 장벽이 존재한다. 바로 마찰력 혹은

〈그림 7-8〉 고도에 따른 기압

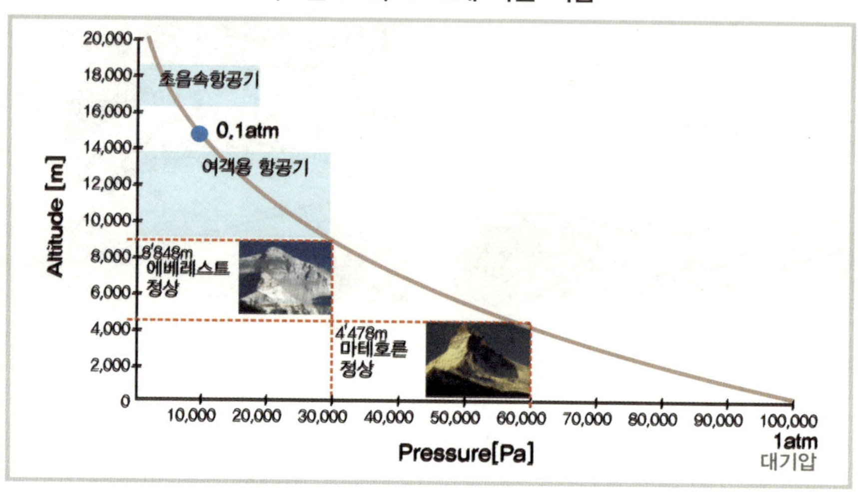

저항이 고속을 실현하는데 있어 가장 큰 장애물이다. 따라서 마찰을 낮추는 것이 고속 운행의 관건이다. 터널 내에서 차량에 영향을 미치는 마찰은 지면 마찰과 공기마찰의 두 가지이다.

공기는 터널과 같은 제한된 공간 내에서는 차량에 심대한 저항을 발생시킨다. 속도가 빨라지면 공기마찰 계수는 지수함수에 비례하여 증가한다. 터널 내에서 가능한 많은 공기를 제거하는 것이 이러한 마찰을 제거하는 가장 좋은 방법이다. 방수, 밀폐의 터널은 진공튜브를 만드는데 가장 좋은 환경이다. 진공펌프는 터널 바로 옆에 일정 간격으로 위치하여 튜브의 압력을 낮추고 공기를 외부로 뽑아내며, 차량은 역사와 출구에 위치한 튜브 내의 진공이 일정하게 유지하도록 도와주는 장치인 에어락을 통해 드나들 수 있다. 설정된 압력에 도달하게 되면 그 이후로 누설되는 진공도를 보충하기 위해서는 아주 작은 에너지만이 필요할 것으로 예상된다. 차량은 항공기 객실처럼 가압되며, 갑작스런 기압저하와 진공에 대비한 구조를 유지하도록 다중의 안전시스템이 갖추어져야 할 것이다. 또 객실의 공기청정, 온도제어 장치들은 대형 군용 잠수함에 사용하고 있는 생명유지시스템을 적용하여야 할 것이다.

차량 구조의 결함은 항공기가 비행 중 분리되는 것 같이 매우 위험한 일이다. 그러나 현재의 항공기는 충돌이나 객실 내에서의 폭발을 제외하고는 구조적으로 문제가 되지는 않을 정도의 기술력이 갖추어져 있다. 따라서 차량은 현존하는 항공기 수준의 구조와 재료를 이용하여 제작이 가능할 것이며, 가연성 연료에 의한 폭발도 일어나지 않으므로 더 안전할 것으로 예상된다. 단선 터널과 선형전동기의 특성 상 충돌의 가능성이 원천적으로 제거된다. 폭발이나 충돌의 가능성이 없기 때문에 저압에 의한 위험도를 매우 낮게 유지할 수 있으리라 보여진다.

진공튜브기술을 이용한 대표적인 구상인 스위스메트로 시스템은 초고속 여객기인 콩코드가 운행하는 고도인 50,000피트(15km), 즉 0.12 기압으로 유지되는 아진공 환경 내에서 운행하도록 설계되었다. 여기서 1 기압은 해면에서의 대기압에 해당하며, 0.12 기압은 해수면 근처 기압의 12%에 해당하는 값이다. 스위스메트로의 설계자들은 여러 가지 이유로 기압이 0.1 기압 이하로 내려가지 않도록 진공도를 선택하였다. 첫째, 통상의 진공펌프는 0.1 기압까지 사용할 수 있도록 제작되며, 이보다 더 낮은 진공도를 선택할 경우 신형의 특수한 장치가 필요하기 때문이다. 두 번째로, 사람의 혈액은 0.1 기압 이하에서 기화되기 때문이다. 차량의 기압강하가 일어나더라도 0.1 기압 이하의 튜브 내에서는 튜브의 긴급 압력회복에 소요되는 시간까지 사람이 생존할 수 있기 때문이다.

0.1 기압에서 스위스메트로는 500km/h 이상의 속도를 낼 것으로 전망한다. 속도는 진공튜브기술의 성공을 판단하는 관건이며, 속도의 상한은 결정적으로 중요하다. 음속의 장벽을 돌파하여 속도를 증가시키기 위해서는 제반사항들을 충분히 고려해야 한다. 공기저항이 줄어든다하더라도 차량의 측면을 따라 난류에 의한 측면 진동이 발생하며, 그 뒤로 음속의 충격파가 뒤따른다. 이러한 힘들은 소음과 진동을 유발하며, 막대한 에너지 소모를 야기한다.

차량 형상을 잘 설계하고, 터널과 차량 사이의 간격을 늘이고, 기압을 더욱 낮춘다면 이러한 현상들이 어느 정도 줄어들 수는 있으나, 이 경우에는 또 다른 문제가 발생한다. 가장 큰 문제는 초저압(예를 들어 0.01 기압)에서의 안전 문제이다. 0.01 기압에서는 차량의 기압조절이 실패하면 혈액이 완전히 기화되어 사람이 사망에 이르게 될 것이다. 또 다른 문제는 저압 진공튜브의 인프라의 문제를 들 수 있다. 물은 0.01 기압에서 기화되기 때문에 터널의 내벽에 사용되는 물질(보통 콘크리트)에 수분이 함유되면 큰 문제가 발생한다. 또한, 진공은 주변 지면이나 해수의 물을 마른 스펀지처럼 빨아들이는 효과가 있기 때문에 기압이 더 내려갈 경우 방수 시스템의 신뢰성을 향상시켜야 한다. 열차속도가 음속 이상이 되면 새롭고 특별하게 설계된 콘크리트가 터널 라이닝 부분에 사용될 수 있을 것이다. 기압을 안전하게 내리거나 터널의 내경을 증가시킬 수 있다면 1,100km/h 이상 열차의 속도를 안전하게 증가시킬 수 있을 것이다. 터널 내에 공기가 전혀 없고 추진시스템이 무한대의 에너지를 갖고 있다면, 차량은 다음 정차를 위한 제동을 걸기 전까지 계속해서 가속할 수 있을 것이다.

가속과 제동에 대한 두 가지 우선적인 제약조건은 인체에 가해지는 스트레스와 추진시스템에 공급되는 에너지의 수준이다. 가속은 속도의 제곱에 대한 거리(㎧²)로 측정된다. 1.3㎧²의 가속도는 초당 시속 2.9마일(4.68km/h)의 속도증가를 의미하며, 이것은 스위스에서 안전벨트 없는 경우의 법적인 가속도 제한치이다. 위와 같은 가속도에서 차량은 3.5분 내에 650마일/시(1,050km/h)에 도달할 것이다. 자기부상열차는 쉽게 1.3㎧²보다 더 빨리 가속할 수 있으며, 이것은 많은 교통계획자들이 자기부상열차를 선호하는 주요한 이유이다

3. 새로운 철도기술 도입을 기대하며

지금까지 해저터널에의 적용을 고려한 철도기술의 현황과 전망에 대하여 살펴보았다. 해저터널계획의 성공을 위해서는 무엇보다 안전하고 신속하게 여객과 화물을 운송할 수 있는 교통수단이 필수적으로 요구되는데, 이를 위해서는 철도시스템이 가장 유력한 대안으로 보여진다.

현재 영국과 프랑스 간에서 운영되고 있는 채널터널과 유로스타의 경우에서 볼 수 있듯이 휠/레일 방식의 고속철도시스템이 해저터널에 운행이 가능

함을 알 수 있으며, 경부고속선의 건설과 KTX의 운행경험을 통해 확보된 국내 철도기술을 이용하여 해저터널을 통해 대량의 여객과 화물을 고속으로 운송할 수 있는 철도시스템의 공급이 가능할 것으로 전망된다. 또한, 휠/레일 방식의 고속철도시스템을 이용할 경우, 국내 고속철도망 및 기존철도망과의 직접적인 연계가 가능할 것으로 기대된다. 그러나 터널 내에서는 평지에 비해 공기저항이 급격히 증가하므로 운행속도의 설정과 터널의 설계 시에 이를 종합적으로 고려하여야 할 것이다.

자기부상철도기술과 진공튜브기술은 기존기술의 한계를 넘어 400km/h 이상의 초고속 철도를 가능하게 해 줄 것으로 기대되며, 이미 일부 기술들은 국내외에서 활발히 개발되고 있거나 개발이 완료된 상태이다. 따라서 이러한 신기술을 이용한다면 여행시간을 획기적으로 단축하여 해저터널의 효용을 극대화시킬 수 있을 것으로 기대된다.

참고문헌

1. 이형우 외. 2008. 「초고속 자기부상철도의 추진 기술시스템 기술」, ≪철도저널≫, 제11권 제3호, 12~16쪽.
2. Eastham A. R., Hayes W. F., 1988. "Maglev systems development status", *IEEE Aerospace and Electronic Systems Magazine*, vol.3 No.1: 21~30.
3. Rogg D., 1984. 9. "General survey of the possible applications and development tendencies of magnetic levitation technology", *IEEE Trans. on Magnetics*, vol.20 No.5: 1696~1701.
4. Sinha P., 1984. 9. "Design of a magnetically levitated vehicle", *IEEE Trans. on Magnetics*, vol.20, No.5: 1672~1674.
5. S. W. Kim, H. B. Kwon, Y. G. Kim, T. W. Park, 2006. "Calculation of Resistance to Motion of A High-speed Train Using Acceleration Measurements in Irregular Coasting Conditions", *Journal of Rail and Rapid Transit*, Vol.220: 449~459
6. S. Yamamura, 1976. 11. "Magnetic levitation technology of tracked vehicles present status and prospects", *IEEE Trans. on Magnetics*, vol.12 No.6: 874~878.

8장_인공섬을 활용한 해저도시 건설방안

1. 해양도시의 의미와 전망
2. 해상도시의 구상
3. 해상호텔의 실현
4. 해저도시의 실험
5. 미래 해양 공간의 실용화를 위해

1. 해양도시의 의미와 전망

건축은 인간이 육체적이고 정신적인 일상생활을 쾌적하며 안전하게 영위하기 위한 공간을 마련하는 행위이며 그 결과물이 건축물이고 건축물들이 모여서 도시를 이룬다. 일반적인 도시의 개념에서 보면 인간이 일상생활을 영위하는 도시공간은 안전하고 단단한 땅 위에 지어진다. 바다와 같이 유동적이고 단단하지 않은 물은 건축물의 기반이 될 수 없으며 물 위에 혹은 물 밑에는 사람이 살 수 있는 도시를 만들 수 없는 것으로 인식되어 왔다.

최근 인간의 생활모습이 다양해지고 생활 장소가 육지에서 바다로 확장됨에 따라 기존 건축 및 도시의 개념에 새로운 변화가 일어나고 있다. 해양이나 우주와 같은 공간이 새로운 거주공간으로 인식되고 있으며 이곳에 사람이 살기 위해 크고 작은 다양한 건축물과 도시를 만들려는 시도가 진행되고 있다. 이와 같이 해양공간에서의 건축행위를 통틀어 해양건축이라고 부르며 해양공간에 들어서는 도시를 해양도시라고 부른다. 해양건축이란 한 마디로 해양공간에 입지하는 건축이다. 해양건축은 해상공간, 해중공간, 해저공간 등 해양공간에서 인간이 안전하고 쾌적하게 생활하기 위해 해양건축물과 해양도시를 정비하는 일체의 활동을 의미한다.

우리 국토에서 해양공간의 넓이는 육지공간의 4.5배에 이르고 있으며 특히 해양도시 및 해양건축을 위해 언제나 손쉽게 이용 가능한 수심 2m이내 해양공간은 육지공간의 21%를 차지하고 있다. 해양건축과 해양도시는 바다의 고유한 성질을 활용하며 바다와 바람직한 관계를 형성한다. 즉 바다의 독특한 자연현상을 비롯하여 기상상태와 지형조건 등을 활용하고 해양생태계를 보전하면서 아름다운 해양경관을 창조함으로서 해양공간에 인간을 위한 지속가능한 정주환경을 만들고 궁극적으로 해양도시문화를 형성한다.

우리가 사는 지구에서 미래 지속가능한 도시를 생각해보면 먼저 지구온난화를 방지하기 위해 이산화탄소의 배출을 억제하는 친환경적인 도시공간이 요청되고 두 번째로 제한적인 에너지·자원·식량 등을 절약하면서 지속적으로 경제성장을 이룰 수 있는 도시환경이 요청된다. 지구차원에서 환경악화로 인한 기상변화와 해수면 상승, 에너지 및 자원의 부족, 그리고 경제성장의 한계가 인식되면서 우리가 거주하는 도시에 대해서도 새로운 인식전환이 필요하다. 이와 같은 새로운 미래 도시공간의 요구에 적합한 대안으로서 해양도시가 떠오르고 있다. 그러나 해상, 해중, 해저의 공간에서 도시의 개발은 해양환경의 악화, 수산자원의 감소, 해수면 이용자들 사이에 이해충돌, 태풍이나 해일과 같은 자연재난 등의 문제를 극복해야 하며 이를 위해 해양공간에 대한 새로운 인식과 함께 첨단기술이 요청되고 있다.

미래에는 해양공간을 활용한 해양건축 및 해양도시가 많이 활성화될 것으로 예상된다. 무엇보다 육지에서 인간생활을 위한 가용공간이 부족하기 때문에 바다에서의 생활공간 및 레저공간이 요구되고 있다. 특히 지구온난화에 따른 해수면 상승은 연안을 침수시켜 육지의 가용공간을 더욱 부족하게 할 것이며 이에 따라 해양공간의 활용이 더욱 활발해질 것이다. 또한 건축물 가운데는 그 기능상 바다에 꼭 세워져야 하는 것이 있으며 바다에 위치함으로서 건축물의 가치가 높아지는 경우가 있다. 예를 들어 호텔이나 레스토랑, 전망대 등과 같은 건축물은 육지에 있는 것보다 해양공간에 위치함으로서 훨씬 더 부가가치를 높일 수 있다. 그리고 바다는 인간의 생활공간으로서 육지가 가지지 못한 많은 장점을 가지고 있으며 특별히 바다는 심리적으로나 정서적으로 육지가 주지 못하는 즐거움과 쾌적함 그리고 만족을 주기 때문에 사람들은 바다에 살고 싶어 한다. 따라서 미래에는 바다 위, 바다 속, 바다 밑에 위치하는 해양도시와 해양건축물은 더욱 다양하게 활성화될 것이다.

현재 세계적으로 해양도시와 해양건축에 대해 학문적으로나 기술적으로 가장 발달한 나라는 일본이라고 할 수 있다. 일본은 섬나라로서 우리와 같이 육지에 일상생활을 위한 가용 공간이 부족하여 일찍부터 해양도시와 해양건축에 대한 개념이나 기술을 개발해 왔다. 일본의 해양공간에는 다양한 해양건축물과 해양도시가 많이 건설되어 있으며 최근에는 초대형 부유식 해상구조물을 이용한 해양도시 프로젝트를 활발하게 시도하고 있다. 세계적으로 해양도시와 해양건축은 미래의 첨단 분야에 속한다. 우리나라에서도 삼면이 바다로 둘러싸여 있는 지리적 특성과 활용 가능한 육상공간의 부족 그리고 해양이 가지는 고유한 성질 등으로 인해 앞으로 해양도시와 해양건축의 발전은 필연적인 것으로 생각된다. 최근 우리나라에서는 해양공간의 적극적 활용, 친수공간에 대한 시민의 요구, 오래된 항만공간의 재개발, 도시재생을 위한 워터프런트개발, 거제도와 부산 가덕도 사이 해저터널 건설, 한중 및 한일 해저터널 계획, 해양문화에 대한 국민인식 제고 등으로 인해 해양도시와 해양건축에 대한 관심이 크게 늘고 있다. 또한 2012년 여수세계박람회에서는 '살아있는 바다, 숨쉬는 연안' 이라는 주제로 해양도시관과 해양문명관이 건설되어 일반인에게 개방될 예정으로 있어 이를 계기로 국민들 사이에 해양도시와 해양건축에 대한 인식은 더욱 높아질 것이다.

이와 같이 해양공간에서 건축물의 건설기술이 발전하고 그곳에서의 생활경험이 축적되면 새로운 해양도시가 탄생할 것이다. 해양도시의 규모나 차원에서 해양공간이 적극적으로 활용될 것이며 개별 건축물보다는 도시 차원의 생활환경이 해양공간에 마련될 것으로 보인다. 이러한 미래 해양도시는 해양환경과 공생하면서 인간생활의 질을 차원 높게 만드는 주거공간으로서 기존 도시와 새로운 관계를 형성하는 생활환경이 될 것이며 또한 새로운 국제질서에 적합하고 지구 규모의 공존공영을 위해 지속가능한 환경을 창조하는데 기여하는 국제적인 거점공간이 될 것으로 전망된다.

우리 해양도시의 경우 가까운 미래에는 연안에 마리나나 해양리조트와 같이 해양레저스포츠 활동을 위한 해양건축물 및 복합해양주거단지부터 본격적으로 시작될 것이며 해상공간, 해중공간, 해저공간을 복합적으로 활용하는 해양구조물 형태가 될 것이다. 미래 해양도시는 기존 도시와 연계되어 대부분 앞바다에 위치하고 수심 10~15m 내외에 조성될 것이며 그 구조형식은 친환경적인 부유식 구조물로서 해상공간, 해중공간, 해저공간이 통합된 형태가 될 것으로 예상할 수 있다.

미래 해양도시는 삶의 중요한 터전으로서 한정된 국토의 효율적인 이용과 관련하여 새로운 사회시스템을 지지하기 위한 최적의 공간이 될 것이며 기술적인 진보를 바탕으로 이용 및 관리 측면에서 보다 다양하고 진보적인 것이 될 것이고 시설내용 측면에서는 복합적인 공간이 될 것이다. 또한 새로운 국제질서에 대응하고 국가 경쟁력 강화와 경제성장을 위해 고도 정보사회에 적합한 정보기반시설 등 사회기반시설의 정비가 해양도시에 집중될 것이며 해양도시를 중핵으로 하는 광역 도시네트워크가 구성되고 해양도시를 통해 해양문화 및 해양레저산업이 활성화될 것으로 전망된다.

2. 해상도시의 구상

옛날부터 인간은 해양공간이나 우주공간에서 사람이 사는 것을 꿈꿔 왔으며 이러한 소망은 많은 소설이나 영화의 주제가 되었다. 한편 실제 해양도시에 관한 구상은 해상도시의 구상에서부터 시작되었으며 몇 단계를 거쳐 지금까지 발전되어 왔다.

먼저 초기 개념 제안 단계로서 1950년대 후반기에 일본 건축가 기쿠다케 기요노리(菊竹清訓), 구로가와 기쇼(黑川紀章), 단케 겐죠(丹下健三) 등에 의해 해상도시의 계획안이 발표되었다. 이 시기는 2차 세계대전 이후에 일본이 고도경제성장을 준비하는 기간으로서 건축가들은 본격적인 설계활동을 전개하기 위한 전단계로서 도시적인 스케일의 계획안을 다수 발표하였다. 이들 계획안을 살펴보면 해양공간에 대해 확실한 철학이 성립되기 이전에 육지공간의 연장수단으로 해양공간을 이용하고자 하는 계획안으로서 미래지향적이고 이상적인 성격이 강한 특성을 가지고 있었다. 이 가운데 특히 기쿠다케의 계획안은 세계 최초의 해상도시 구상안으로서 의의가 크다.

기쿠다케의 1960년도 계획안은 1958년도 해상도시안을 발전시켜 동경만에 50만 명 인구가 거주할 수 있는 해상도시를 제안한 것으로서 1958년에 제안한 부유식 구조체를 기술적으로 또한 계획적으로 더욱 발전시켜서 반잠수형 샤프트타입의 구조방식을 기본개념으로 제시하고 있다. 이 안에서는 해상도시를 구성하는 세 개의 중요한 구성요소로서 해면에 수평적으로 넓게 층상으로 구성된 부유식 플랫폼, 이 플랫폼을 관통하는 지지구조물인 샤프트,

〈그림 8-1〉 해상도시(1960) 모형사진

자료: 伊澤 岬, 海洋空間のデザイン.

부정형의 플랫폼들을 서로 연결하는 브리지(교량)를 제안하였으며 부유식 구조체의 특성을 활용하여 이동하는 해상도시를 제안하였다.

다음은 기술 발전 단계로서 1960년대에 주로 계획된 해상도시안으로서 영국 필킹톤社, 미국 건축가 벅민스터풀러, 크레이번 등에 계획안이 발표되었다. 이들 계획안에서는 해상도시의 건설에 대한 해양구조물의 기술적 가능성과 비용계획과 같은 구체적인 방안이 함께 제시되었다.

기술 발전 단계의 대표적 구상안으로는 필킹톤社의 1965년 계획안을 들 수 있는데 이 안은 영국의 필킹톤 유리회사가 만든 안으로서 건축가뿐만 아니라 토목기술자, 해양학자 등 폭 넓은 관련분야 전문가를 참여시켜 만든 해상도시안이다. 지금까지 해상도시안에는 없었던 거주공간의 인간적 친밀감을 가지고 있으며 조형적으로도 매력이 있는 계획안으로 평가받고 있다. 영국 동해안 노포크에서 20km 떨어진 근해의 수심 9m 해상에 계획되었는데 기술적인 측면에서 새로운 아이디어로서 인근 해상유전에서 나오는 가스를 해상도시의 에너지원으로 활용하는 계획을 제시하고 있다. 해상도시의 공간구조는 남북 1.5km, 동서 1km의 타원형 평면을 가지고 있으며 단면은 16층의

〈그림 8-2〉 필킹톤계획 모형사진

〈그림 8-3〉 필킹톤계획 단면도

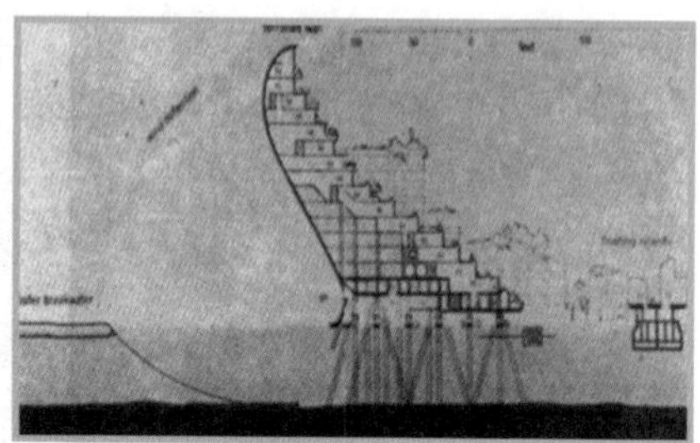

자료: 伊澤 岬, 海洋空間のデザイン.

테라스로 계획되어 있고 그 뒤에 독특한 유선형의 테라스월(terrace wall)이 있는데 이 벽은 외해에 대해 폐쇄적이며 안으로는 내해를 중심으로 원형극장 형식의 위락공간을 구성하고 있어 아름다운 친수환경을 만들어 내고 있다.

필킹톤계획안의 구조물을 살펴보면 타원형 외곽구조물은 수심 9m 해저에 파일을 박은 고정식 구조로 되어 있으며 반면에 내해에는 부유식 바지타입의 작은 인공섬들을 배치하고 있다. 기능적으로는 3만명을 수용하는 커뮤니티시설 이외에 해양연구시설, 발전소 등을 포함하고 있으며 해상도시의 실현을 위해 다음과 같은 중요한 기술적 아이디어를 제공하고 있다. 먼저 유선형 외벽은 외해로부터의 기류를 도시상공으로 비켜가게 하여 내해를 향한 주거공간에 강한 바닷바람이 부딪히는 것을 감소시킨다. 둘째로 내해입구 해저에 파이프라인식 에어밸브커튼을 사용하여 기상악화 시 외해로부터 내해로 밀려드는 고파(高波)의 영향을 줄여준다. 세 번째로 타원형의 외곽구조물 주변 외해에 보강방수섬유로 만들어 물을 채운 길이 30m, 직경 18m의 부유식 소파제를 설치하여 외곽구조물에 미치는 파도의 힘을 약화시킨다. 네 번째로 시공 시 해상공사를 생략하기 위해 프리패브 유닛화, 데크의 프로팅화 등 독특한 해양구조물 시공법을 제시하고 있다.

그 다음은 개념 실현 단계로서 기쿠다케가 설계한 1975년 오키나와 국제해양박람회의 상징적인 시설물인 플로팅건축물 아쿠아폴리스(Aquapolis)를 시작으로 하여 해상에 본격적으로 거주공간이 실현되었다. 지금까지 살펴본 계획안들은 실현되지 않은 구상안에 불과하였지만 기쿠다케가 설계한 아쿠

〈그림 8-4〉 아쿠아폴리스

자료: 伊澤 岬, 海洋空間のデザイン.

〈그림 8-5〉 동경만 해상캠퍼스도시 모형

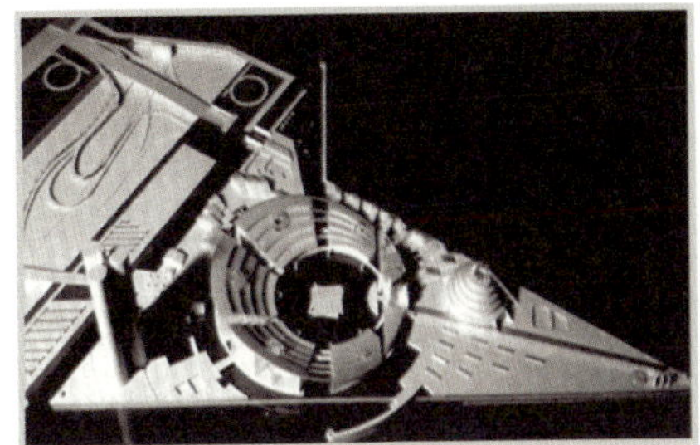

아폴리스계획안은 1975년 오키나와 해양박람회의 정부관으로서 실제 건설되었다. 아쿠아폴리스는 최대 수용인원 2,500명으로 높이 32m, 한 변 길이 100m 규모의 해상건축물로서 세계 최초로 실용화된 해상도시의 모델이며 향후 해상도시의 발전상을 제시하고 있다. 이 건물은 박람회장이 위치한 반도 끝 부분에서 200m 떨어진 수심 35~40m 해역에 설치되었으며 육지와의 연결은 아쿠아대교라고 하는 고정식 교량에 의해 이루어진다. 구조방식은 부유식으로 반잠수형 로어헐(low hull)타입이며 상부구조는 3개 층의 데크로 되어 있다.

어프로치레벨인 최하층 레벨에 메인데크가 있고 여기에 전시공간과 기계실을 두고 있다. 반잠수상태에서는 아쿠아항으로서 하버데크가 이 레벨에 설치되며 한 층 위 미들데크에는 관리운영을 위한 실들이 있고 그 위 어퍼데크에는 긴급발착용 헬리포트를 겸한 광장이 설치되어 있다. 해양건축물로서 아쿠아폴리스의 핵심은 로어헐타입의 구조로서 이 구조물은 조선소에서 건조되어 예항 시 최소한의 저항을 받도록 설계되었다. 즉 로어헐에 해수출입이 가능하여 예항 가능한 부유상태가 되기도 하고 안정성이 있는 반잠수형으로 설치가 가능하도록 되어 있다. 본체는 해저에 설치된 16개 앵커와 부이로써 계류되며 체인의 신축에 의해 폭풍 시에도 안전하게 약 200m 가량 움직일 수 있게 되어있다. 아쿠아폴리스는 기획 및 설계단계부터 건축가가 참여하여 해양공간에서 주거생활이 가능함을 보여 주었으며 해상도시의 역사에서 중요한 위치를 차지한다.

〈그림 8-6〉 동경만 해상캠퍼스도시 단면투시도

자료: 伊澤 岬, 海洋空間のデザイン.

1980년대 대표적 해상도시의 구상으로는 일본 니혼대학(日本大學) 이자와(伊澤 岬)교수가 제시한 동경만 해상캠퍼스도시와 오사카만 해상도시의 계획안이 있다. 먼저 동경만 해상캠퍼스계획안을 살펴보면 20세기 후반에 도시와 바다와의 접점에 친환경적인 해양개발을 통해 다양한 교류의 장을 만들고 동경만 개발의 질적인 전환을 꾀하려는 움직임이 있었으며 이에 따른 실험적 도시구상으로서 동경만 해상캠퍼스도시를 계획하여 동경만의 장기적인 비전을 제시하였다.

동경만 해상캠퍼스도시는 동경만의 개발과 보전에 대한 종합적인 연구 및 교육기관을 핵으로 하여 행정기관, 민간기업 등 모든 분야의 기관을 집적시킨 도심근접형 연구학원도시 및 두뇌도시로 구상되었으며 특별히 구조방식으로서 연착저식 구조를 사용하였다. 고정식 구조물과는 달리 구조체가 해저지면에 가볍게 올라서 있어 슬라이딩이 가능한 연착저 방식은 단위 구조물을 조선소에서 만들기 때문에 건설 시에 해양환경의 오염과 파괴를 최소화 할 수 있으며 또한 단위 부체구조물로 인해 가변성과 가동성이 있어 용도 및 기능의 변경으로부터 도시구조의 변화에 이르기까지 변화에 능동적인 대응이 가능하다. 그리고 구조체 단면은 해양환경에 가장 중요한 해수 유출입이 가능하도록 하였으며 구조물의 하부에 거대한 해중공간을 확보하여 도시기반시설인 쓰레기처리시설 및 배수처리시설을 설치함으로서 수변공간을 효과적으로 이용하고 동시에 시민들에게 수변공간을 개방할 수 있다. 해상캠퍼스도시에는 해상도시 관계자의 거주공간이외에 해상도시의 매력이 넘

〈그림 8-7〉 오사카만 해상도시구상안

자료: 伊澤 岬, 海洋空間のデザイン.

〈그림 8-8〉 오사카만 해상도시 단면투시도

자료: 伊澤 岬, 海洋空間のデザイン.

치는 상업시설 및 레크리에이션시설을 설치하고 대학의 부속시설로서 동경만박물관을 설치하여 캠퍼스파크로서 계획하였다. 이와 더불어 해상 석유굴착시설에 부속된 숙박시설의 건설기술을 활용하여 본격적으로 부유식 해상호텔이 출현하기도 하였다.

오사카만의 뉴프런티어 실험도시는 21세기 일본이 해결해야 할 중요한 문제인 좁은 국토에서 도시공간의 획득을 위한 새로운 시도로서 고베 로코산의 지하공간 이용과 함께 고베 근해에 연착저식 해양도시의 창출을 제안한 것이며 기존 인공섬인 포트아일랜드 앞바다의 고베공항과 관서국제공항을 연결하는 무지개가교(架橋)형태의 해상도시이다. 이 해상도시는 아시아센터를 옆에 끼고 사람, 물건, 정보의 루트로서 신교통시스템과 같은 사회인프라시설을 갖춘 오사카만의 제2 만안(灣岸)도로로서 계획되었다. 특히 고베항과 오사카항을 대신하는 새로운 항만을 인공섬 끝부분에 건설하여 육, 해, 공의 종합적인 교통거점도시로서 계획되었으며 새로운 해상도시와 해안선 사이에 얻게 되는 정온수역에 인공섬의 다도해를 만들어 시민에게 개방되는 워터프론트로서 개발하는 오사카만 초록의 다도해 구상도 함께 계획되었다.

오사카만의 고베공항과 관서국제공항을 해상에서 연결하는 해상도시인 무지개가교구상은 공항으로의 어프로치와 고베공항의 잠재력을 상승시키는 효과를 일으키며 리니어형상의 둥근 모양으로 충분한 해안선을 획득할 수 있고 연착저 구조방식의 계획적, 구조적 이점을 살릴 수 있다. 오사카만 전체구상의 중심이 되는 무지개가교 해상신도시는 원호상으로 길이 32km, 폭 최대 2km, 약 6,000ha 규모의 연착저식 인공섬이다. 인구 약 500만 명을 위한 시설로는 지상층 양단에 고베항과 신오사카항을 두고 새로운 교통시스템 등 도시 인프라시설을 정비하며 주거, 업무시설, 상업시설 등을 배치한다. 한편 지하층에는 거대한 지하공간을 이용하여 보세시설을 갖는 산업시설을 설치하며 특히 컨테이너 야적장을 지하공간에 두어 복합물류 및 생산시스템을 확립하는 동시에 수변공간은 시민을 위한 공간으로 개방시킬 계획이다. 또한 쓰레기 및 배수처리시설, 공장 및 창고 등을 지하공간에 두어 친환경적 인공섬으로 계획하며 연착저 구조물의 단면은 충분한 해수의 유출입이 가능하도록 계획하고 수면 위에 다수의 운하를 계획하여 오사카만에 흘러드는 하천수가 정온수역에 괴지 않도록 하여 생태계를 보전하는 것으로 계획하였다.

1989년에는 프랑스의 세계적인 해양건축가 자크루즈리(Jacques Rougerie)가 프랑스 마르세이유 세계박람회를 위한 해상도시구상안을 발표하였다. 이 안은 프랑스 해양성이 주관한 설계경기 당선작으로서 직경 250m 크기의 원형 플로팅 구조물로 이루어져 있으며 수용인원은 700명으로 계획되었다. 구체적인 용도는 월드엑스포를 위한 위락용 인공섬(pleasure island)으로서 2층 구조로 되어 있으며 요트와 보트의 계류장과 더불어 수중갤러리가 있어 방문객이 수중세계를 관찰할 수 있게 계획되었다.

〈그림 8-9〉 1989 세계박람회 플로팅포트계획안

자료: http://www.rougerie.com.

〈그림 8-10〉 동경만 횡단도로 인공섬

1997년에는 해상도시구상에 새로운 시대가 열렸다. 그해 12월 일본 동경만의 중앙부를 횡단하는 길이 15km의 동경만 횡단도로가 자동차 전용도로로서 개통되었는데 이 도로의 한 부분은 길이 10km의 해저터널이고 나머지 5km부분은 교량으로 되었다. 이 해저터널과 교량이 만나는 바다 한 가운데에 바다반딧불[우미호타루(海ほたる)]이라는 이름의 인공섬을 건설하고 여기에 도로용 환기시설, 터널청소용 곤돌라 보관시설, 자동차 주차장 그리고 일본 최초의 해상휴게시설이 설치되었다.

구상안으로만 존재하던 해상도시 아이디어가 비록 소규모이지만 실현된 사례로서 이 인공섬은 길이 650m, 폭 100m, 전체면적 32,700㎡ 규모로서 건물을 포함한 전체 형상은 동경만에 떠있는 호화유람선의 이미지를 표현하고 있다. 인공섬에 위치한 건축면적 11,447.84㎡의 5층 규모 건물 내부의 시설내용을 살펴보면 1층부터 3층까지는 480대를 수용할 수 있는 주차장이 설치되었고 4층에는 쇼핑시설과 오락시설이 있으며 5층에는 레스토랑이 설치되어 있으며 5층 파노라마 데크에서는 동경만의 해상풍경을 360도 방향으로 전망할 수 있다. 건물의 전체 공간은 강한 바람의 영향으로 구심형 공간을 형성하고 있으며 공간구성의 핵심은 건물 한 가운데 폭 25m의 1층에서 5층까지 열린 공간이다. 이 공간은 건물내부에 있어 사방에서 불어오는 강한 바닷바람을 받지 않으며 상부에서 자연광을 끌어들여 하부 주차장 공간을 환하게 비추고 있다. 또한 여기에는 주 수직동선으로서 에스컬레이터가 설치되어 있으며 지붕에는 돛 형상의 텐트구조물이 설치되어 있다. 특히 해상에 독립

〈그림 8-11〉 두바이 해상도시 프로젝트

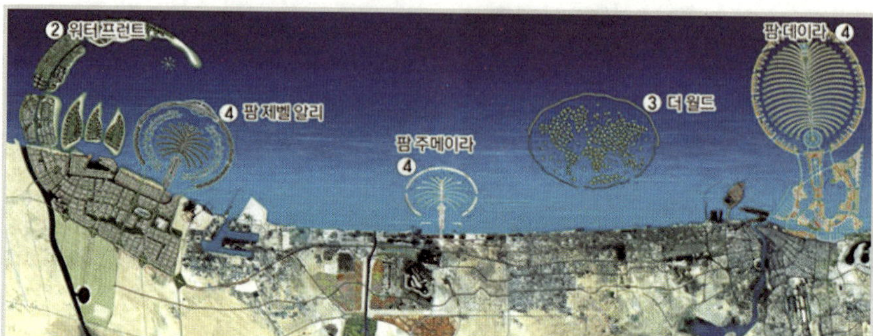

① 두바이랜드	두바이 중앙부 사막 4270만 평에 50억 달러(약 5조 원)를 투입해 건설되는 테마파크.
② 워터프런트	해저 20m에 객실이 있는 해저호텔과 해변 휴양시설로 뒤덮인 리조트형 '해상도시'.
③ 더 월드	해안선에서 8km 떨어진 바다 한가운데에 세계지도 형상으로 인공섬을 조성해 각 섬에 호텔과 주거단지, 오락시설 건설. 개인 분양 중이며 한쪽이 탁 트인 '뉴질랜드'의 값이 가장 비싸고 '한국'은 아직 미분양.
④ 팜 아일랜드	팜 주메이라(직경 5.5km)는 약 80% 조성됐으며 축구선수 데이비드 베컴이 이곳의 리조트 한 채를 2년 전 분양받음. 팜 제벨 알리(직경 7.5km)에는 초고층 도널드 트럼프 타워가 들어설 예정. 최대 규모인 팜 데이라(직경 14.5km)는 2014년경 완공 예정.

되어 설치된 인공섬에 재난이 발생할 경우를 대비하여 철저한 재난계획을 세운 것이 특징이다. 건물의 각층에서는 1층까지 피난할 수 있는 외부 피난계단이 곳곳에 설치되어 있고 1층에서는 선박이나 헬리콥터를 이용하여 가까운 육지로 피난할 수 있도록 피난시설이 갖추어져 있다. 향후 해상도시를 건설할 때에 지침이 될 수 있는 인공섬이다.

동경만 횡단도로의 인공섬 이외에 20세기 후반에는 지금까지 구상안으로만 제시되었던 대규모 해상도시가 직접 실현되는 것을 목격할 수 있게 되었다. 중동 아랍에미리트 두바이에서는 거대한 오일머니를 바탕으로 하여 세계 초유의 규모로 해상도시가 속속 들어섰다. 태풍 등 자연재해의 가능성이 거의 없고 정온수역이 확보된 해역에 대규모 매립을 통해 인공대지를 건설하고 그 위에 주거시설을 비롯하여 휴양 및 레저를 위한 다양한 시설이 조성된 해상도시가 실현된 것이다.

한편 21세기에 들어선 최근에는 전 세계적으로 기후변화에 따른 재난에 대비하여 플로팅 구조물을 이용한 해상도시구상이 다양하게 시도되고 있다. 플로팅해상도시의 구상안이 실제 실현된 경우는 없지만 향후 태풍이나 해일

〈그림 8-12〉 플로팅 에코폴리스 릴리패드 계획안

자료: http://vincent.callebaut.org.

등 기상이변과 수면상승에 의해 기존 연안도시들이 위험하다고 판단되면 언제든지 실현가능하도록 면밀하게 기술적으로 검토된 해상도시구상안이 발표되고 있다. 그 대표적인 예로서 일본에서는 길이 1km 이상 되는 플로팅구조물을 이용한 해상공항이나 해상도시를 건설하려는 목적으로 메가 플로트 프로젝트를 국토교통성 주관으로 1995년부터 6년간 2단계로 나누어 실증실험까지 성공적으로 수행하였으며 프랑스에서 활동하는 벨기에 건축가 빈센트 칼보(Vincent Callebout)는 지구온난화에 의한 수면상승에 대비하여 자급자족이 가능한 플로팅 에코폴리스 릴리패드(Floating Ecopolis Lilypad)를 제안하였다.

3. 해상호텔의 실현

해상도시의 구상은 해상호텔에서 실험적으로 구현되었다. 해상호텔을 실현하기 위한 기술발전은 해양자원개발 특히 해저석유개발의 역사와 걸음을

〈그림 8-13〉 폴리콘피던스호

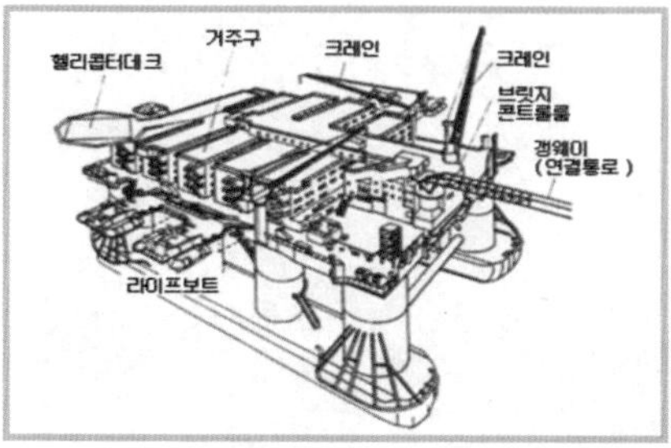

〈그림 8-14〉 폴리콘피던스호 거주구역

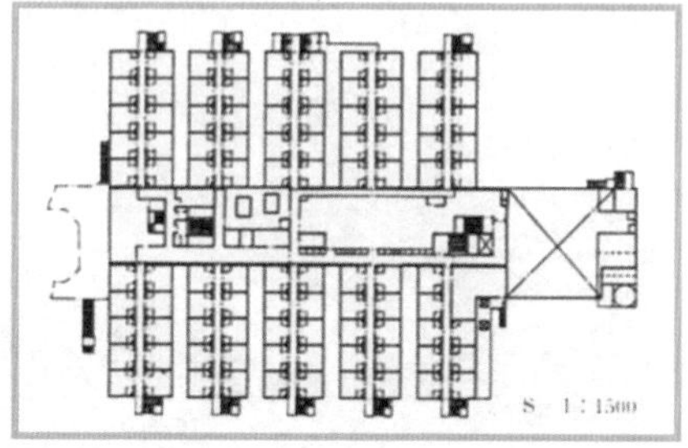

자료: 伊澤 岬, 海洋空間のデザイン.

같이하고 있다. 1890년대부터 해저석유의 굴착을 위한 플랫폼이 건설되었으며 1950년대에 들어오면서 북해를 중심으로 본격적으로 건설되어 현재에는 약 300m 수심까지 이르는 고정식 해양구조물이 설치되어 있으며 부유식 플랫폼은 반잠수식 형태로 현재 9,000m에 이르는 굴착능력을 가지고 있다. 이와 같은 해저석유시추를 위한 기술의 발전은 작업원의 숙박시설을 해상에 건설하게 되었고 이를 계기로 본격적인 해상호텔이 출연하게 되었다.

1987년 일본 카지마건설(鹿島建設)이 만든 폴리콘피던스호는 일본의 조선소에서 준공한 해상호텔로서 노르웨이의 북해 해역에서 작업과 함께 일본에서 그곳까지 예항을 고려하여 부유식의 로우헐타입으로 되어있다. 메인데크의 크기는 헐방향으로 길이 87m, 횡방향으로 69m이며 구조물 전체 높이는 56m이다. 거주구역은 메인데크 위 2층부터 6층까지 400개 객실이 있어 800인이 숙박할 수 있다. 객실동은 중복도형으로 되어 있으며 동간격은 5m정도이고 전체 10개 동으로 구성되어 있다. 객실이외에 커피라운지, 다이닝룸, 레크리에이션룸, 시네마룸 등이 있으며 북유럽제품의 가구를 이용하여 차분한 실내공간을 구성하고 있다.

해상호텔 가운데 가장 유명한 것이 1988년 완성된 포시즌 배리어리프(Four Season Barrier Reef) 리조트호텔이다. 호주 북동해안 타운시빌 앞바다 72km 지점 산호초지역인 그레이트 배리어리프에 설치된 바지타입의 플로팅호텔인 훠시즌 배리어리프 호텔은 설치된 수역이 리프 내 수심 30m, 리프 밖 수심 50m 정도로서 리프의 형상은 타원형으로 리프가 천연 소파제 역할을 하여

〈그림 8-15〉 포시즌 배리어리프 리조트호텔

자료: 伊澤 岬, 海洋空間のデザイン.

〈그림 8-16〉 하이드로폴리스

〈그림 8-17〉 멕시코 칸쿤 마야호텔

〈그림 8-18〉 트릴로비스65

정온수역을 만들고 있다. 호텔은 바지타입의 하부구조(길이 90m, 폭 28m)위에 지상 6층 규모(길이 80m, 폭 18m, 높이 24m)로 구성되어 있다. 객실 수는 총 174개실이며 수용 숙박인원은 356명이고 22개실의 종업원실이 최상층에 설치되어 있다.

플로팅구조물 가운데 가장 단순한 구조이며 상부시설의 구성도 일반적인 중복도형 호텔구성으로서 해상호텔의 독특한 디자인 솜씨는 찾아볼 수 없으며 해역에 거주공간을 확보하기 위한 특수한 기술도 보이지 않는다. 파도에 의한 건물의 동요는 없으나 바람이 강하면 장주기의 동요가 발생하며 기상조건이 나쁜 경우에는 대자연 속에서 고립감이 나타난다. 따라서 해상호텔에서는 구조적 안전성은 물론이고 호텔로서의 거주쾌적성을 확보하기 위해 고도의 디자인기술이 필요하며 해상호텔은 해양건축으로서의 디자인 솜씨와 기술의 밸런스가 요구된다.

최근에 해상공간과 해중공간을 동시에 활용하는 최고급 호텔 하이드로폴리스(Hydropolis)가 두바이와 중국 청도에서 건설되고 있으며 멕시코 칸쿤의 카리브해에는 446개 객실을 갖춘 마야호텔이 탄소 섬유강화 플라스틱을 이용하여 부유식 해상구조물 형태로 건설되고 있어 2010년경에는 해상도시를 미리 가늠해 볼 수 있는 다양한 형태의 해상·해중호텔들을 만나볼 수 있을 것이다. 또한 가족의 수상 · 수중생활을 위한 부유식 수상·수중주거도 다양한 모습으로 나타나고 있는데 이미 이탈리아에서는 6인 가족을 위한 부유식 수상·수중주거인 트릴로비스65(Trilobis65)가 선을 보였으며 곧 대량생산에 들어갈 채비를 갖추고 있다.

4. 해저도시의 실험

1) 수중 해비타트(underwater habitat)

해저도시의 개발은 개념적 계획안으로나 실제 개발 측면에서 다양하게 시도되고 있다. 그 대표적인 것으로 1960년대부터 1980년대 중반까지 미국에서 해저도시의 가능성을 탐구해 온 해저 해비테이션 프로그램(Underwater Habitation Program)이 있다. 미국 해군이 주도한 이 프로그램은 해저생활의 가능성과 문제점을 파악하기 위해 10m 깊이에 설치한 해저건물에서 몇 명의 다이버들이 실제 생활하는 실험을 실시하였으며 실험결과 다이버들은 몇 주 동안 해저에서 생활함으로서 해저도시의 가능성을 증명했다. 그러나 그 이후로 해저도시에 대한 연구와 시도는 더 진전되지 못하고 있다.

지금까지 연구와 실험의 결과를 종합해 보면 해저도시는 수심 100m 정도에서 적당한 크기로 건설될 수 있으며 이 해저도시는 태풍, 해일, 운석충돌과 같은 자연재해로부터 자유롭고 해수담수화시설을 이용하여 맑고 깨끗한 해양심층수를 식수로 사용할 수 있으며 지열이나 조파에너지를 이용하여 에너지를 자급자족할 수 있는 도시로 계획할 수 있다. 그러나 해저도시의 실현을 위해서는 식량의 자급자족을 위해 자연광이 도달하지 못하는 해저에서 식물의 수중재배기술이 더욱 발전해야만 하며 또한 해저도시는 육상도시에서 상상하지 못한 사고나 재해를 당할 염려가 있기 때문에 재난예방 및 통제시스템에 대한 철저한 연구가 더욱 필요하다. 현재 해저도시와 관련된 실험은 해양과학연구를 위한 자족적 해비타트 몇 개 정도가 얕은 수심에 설치되어 운영되고 있는 형편이다. 해저에서 연료전지가 필요한 동력을 공급했던 1969년 하이드로랩에서 3일간 포화실험을 제외하고 오늘까지 개발된 관리장비와 지원장치의 신뢰성이 낮아 해저에 사람들을 독립적으로 놓아두는 것은 많은 위험이 따랐다. 해저도시의 건설을 위해 기술적으로 가장 중요한 사항은 해저 주거공간에서 수압을 대기압상태로 유지시키는 것이다. 해저 해비타트는 대기압 유지, 기술제공, 후방지원업무, 안전 등을 위해 수면으로부터 완전히 독립되지 못했으며 그 결과 해저 해비타트를 유지하는 비용이 높아지게 되었다. 이로 인해 해저 해비타트를 지속적으로 운영할 수 없게 되었고 이러한 계속성의 결여는 수년간에 걸친 계절적 데이터 수집을 불가능하게 하였으며 이와 더불어 정부의 규제증가, 실패할 경우 소송의 위협, 보험료의 증가, 위험을 피하려는 경향 등이 해저 해비테이션 프로그램을 중단시켰다.

육상에서는 생활할 수 있는 장소에 대한 제한이 비교적 적어 거주지의 이동이 자유롭지만 수중에서는 그렇게 이동할 수 없고 정해진 장소에 오랜 기간 머물러야 한다. 특히 수중에서 장기간 생활하기 위해서는 숨 쉴 수 있는 공기, 마실 수 있는 물, 적절한 온도 조절, 음식물의 섭취가 무엇보다 필요하며 수압을 이기며 대기압을 유지할 수 있는 건물외피가 요구된다. 한편 수중주거에서는 물을 이용한 냉방, 단열, 전기와 생활용수의 생산 등이 가능하다.

최근에 미국 NOAA에서는 아쿠아리우스(Aquarius)라는 영구적인 수중연구실을 플로리다 Keys 동해안 5km지점 수중 20m 해저에 설치하고 NASA 우주인들을 대상으로 1주일 정도 수중생활을 통한 훈련 및 연구에 사용하는 한편 수중 해비타트에서 생존 및 생활에 대해 다방면으로 연구하고 있다. 또한 과거 NASA의 수중임무책임자를 맡았던 데니스 챔버랜드(Dennis Chamberland)는 2012년까지 플로리다 앞바다에 역사상 처음으로 영구적인 수중 민간거류지를 건설할 계획이다. 챔버랜드의 아틀란티카 계획(Atlantica Project)으로 명명된 이 사업은 기증받은 잠수정을 이용하여 3개 수중 해비타트를 건설하는 것이다.

한편 호주의 과학자인 로이드 갓선(Lloyd Godson)은 2007년 노란 철제 캡슐에 들어가 외부 도움 없이 수중에서 12일 동안 생활함으로서 세계 최초로 자족적이며 지속가능한 수중 해비타트를 만든 것으로 평가받고 있다. 이 수중 해비타트는 표면에 태양에 의해 전기를 생산하는 센서를 부착하고 있으며 사용하는 전기를 충당하기 위해 전기 생산용 자전거도 실내에 고정 설치되었다. 또한 실내에는 조류(藻類)정원을 만들어 호흡에서 발생하는 이산화탄소를 흡수하고 다시 산소를 내뿜도록 하였으며 잠수용 공기탱크를 이용하여 공기를 보충하였다.

2) 수중 해비타트에서 해저도시로

해저도시라는 매혹적인 상상은 오랫동안 수면 아래의 세계를 알지 못하는 사람들을 위한 공상과학소설의 주제였다. 그러나 인간의 커뮤니티를 해저에 건설하는 꿈은 점차 실현되어 가고 있다. 오늘날 과학기술로는 해저도시를 창조할 수 있도록 원자로부터 동력을 추출하고 바다에서 음식물이나 물을 얻을 수 있으며 수압을 견딜 수 있는 튼튼한 벽을 만들 수 있다. 이를 증명하듯이 해양도시가 건설되기 이전에 소형 수중 커뮤니티가 세계 곳곳에서 만들어 지고 있다.

인간은 바다를 즐기고 바다자원을 사용하고 물가에서 놀며 수면에서 항해를 계속하고 수면 밑에서 모험을 하기 원한다. 바다의 신비를 더 알고 싶어 하는 사람들에 의해 수일간, 수주간, 수개월간 해저실험실이나 해저교실이 만들어 지고 있다. 해저 리조트는 궁극적 휴가경험을 찾는 사람들이 바다에 관해 더 알고 바다를 최고로 즐길 수 있도록 지어지고 있다. 해저생활이나 해저생태계를 연구하는 목적으로 개발된 수중 해비타트 관련 기술과 경험축적이 활용되어 개발되고 있는 것이 해저 리조트이다. 현재 세계 도처에서 설치되고 있는 레저용 해비타트는 수심 10m 이내에 설치되어 특별한 감압이 필요가 없다.

좀 더 깊은 수심의 해저에서 인간의 생활이 가능하기 위해 새로운 개념들도 제안되었다. 하나의 개념은 해수로부터 산소를 추출하여 사람에게 보내고 동시에 배기가스를 막(膜)을 통해 해중으로 내 보내는 특별한 실리콘막의 개발이다. 더욱 극적인 컨셉은 산소가 해수로부터 혈류에 통할 수 있도록

〈그림 8-19〉
몰디브
수중레스토랑

〈그림 8-20〉
레드시
레스토랑

〈그림 8-21〉
포세이든
해저리조트

특별한 막을 사람이 입는 것이다. 즉 인공아가미를 이용하는 것이다. 이와 같은 개념에 대한 연구가 1960년대 초에 시작되었으며 인공아가미가 인간의 공기호흡 관습을 대체하기 위해 충분한 연구가 아직도 필요하다.

한편 1960년대부터 포유류의 폐에 공기 대신에 물을 출입시켜 산소가 직접 추출될 수 있는가를 위한 실험이 실시되었다. 사람이 고산소첨가액을 수중에서 호흡하면서 생존이 가능하다는 결과가 쥐, 개 그리고 인간을 대상으로 한 수많은 실험 뒤에 밝혀졌다. 그러나 문제는 이러한 호흡에 의해 생산된 이산화탄소를 효과적으로 제거하는 방법이 개발되어야 한다. 해중리조트호텔의 개념은 새로운 것이 아니며 수중리조트모형은 1964~1965년 뉴욕만국 박람회에서 제너럴모터스(General Motors)사의 파빌리온에 전시되었다. 이 후에 가족이 해저에서 일시에 수주간 또는 수개월간 작업하거나 생활하는 해중커뮤니티가 계획되고 있다. 해저생활에서 가정의 애완동물은 돌고래이며 정원에는 해초가 있고 오두막집은 수중의 산정에 있으며 날씨는 항상 예측이 가능하다. 상상에서만 가능하던 것이 기술의 진보에 의해 오늘날 실현이 가능하게 되었다. 이미 1970년대부터 해중전망대가 일본을 비롯한 세계 곳곳에서 건설되었으며 1990년대에는 몰디브 해안 수심 6m 해저에 14명이 들어갈 수 있는 식당인 이타(Ithaa) 레스토랑이 건설되었고 이스라엘 홍해에서는 수면 7m 아래 해저에 레드시스타(Red Sea Star)라는 레스토랑이 건설되었다. 또한 미국의 키라고 해안에서는 수심 7m 해저에 줄즈 해저 로지(Jules Undersea Lodge)라는 가족용 별장이 만들어져 인기리에 사용되고 있으며 남태평양 피지 해안에는 24개의 객실을 갖춘 최고급 호텔 포세이든 해저 리조트(Poseidon Undersea Resort)가 수심 12m의 해저에 건설되었다.

5. 미래 해양 공간의 실용화를 위해

해상도시를 비롯한 해저도시 등 미래 해양도시는 지금까지 산업환경, 물류환경, 여가환경을 넘어서 진정한 생활환경으로서 정비될 것이며 그 곳에서 생활하는 사람들의 안전·건강·복지의 실현을 위해 주거시설의 정비와 수준 높은 문화·여가·교육을 위한 생활기반시설이 정비될 것이다. 또한 해양도시는 국제물류 및 비즈니스 공간으로서 그 유용성과 부가가치가 한층 높아져서 첨단 항만물류 및 비즈니스 환경이 정비되고 해양공간의 청정에너지자원을 적극적으로 활용하는 대체에너지시스템의 정비가 이루어질 것이다. 그리고 해양도시가 가지고 있는 독특한 친수성과 인간의 친수행위가 조화되고 자연환경과 인공환경이 어울려 모든 생명활동이 활성화되며 자연환경시스템에 대한 부담을 최소화하는 지속가능한 환경이 조성될 것이다.

이상과 같은 바람직한 미래 해양도시를 만들기 위해서는 무엇보다 해양공간에 대한 인식부터 변화되어야 한다. 해양공간을 육지의 대체공간으로 여기는 안일한 생각과 해양공간을 쉽게 육지공간으로 만들어 이용하려는 위험한 인식을 바꾸어야 한다. 해양공간에 대한 가치를 새롭게 인식하고 해양공간에 지속가능한 생활환경을 만들어야 한다.

이상과 같은 미래 해양공간의 이용 관점에서 보면 부유식 해상구조물이 매립식 공간조성의 대안으로 크게 각광을 받을 것이다. 매립에 의해 만들어진 공간은 해저지질과 수심에 따라 매립과 이용이 큰 영향을 받으며 수질과 생태계에 좋지 않은 영향을 미치고 경제적으로 엄청난 초기 투자가 필요하며 매립 후 제대로 활용하기까지 오랜 기간이 소요되는 단점을 가진다. 반면에 부유식 해상구조물은 수심에 관계없이 해양공간을 활용할 수 있고 해면상승이나 간만의 차가 큰 경우에도 용이하게 대응할 수 있으며 시공기간을 단축하고 자연환경에의 영향을 최소한으로 할 수 있으므로 미래 해양공간의 이용을 위한 핵심적인 수단으로 전개될 것이다.

그러나 부유식 형태의 해양공간을 실용화하기 위해서는 주변 자연환경과 다양하게 영향을 주고받는 상호작용 메커니즘이 명확하게 규명되어야 하며,

해양공간에서 사람들의 친수행태 및 거주성, 안전성, 쾌적성에 대한 연구가 필요하다. 특히 불특정 다수의 사람들이 일시적으로 사용하는 해양공간이나 정밀기기와 첨단 정보통신장비를 사용하는 부유식 공간에서 발생할지도 모르는 만약의 상황에 대비한 충분한 연구와 실증작업이 필요하다.

앞으로 이러한 문제점들이 해결되고 부유식 해상구조물에 대한 설계 및 시공기술이 향상되며 경험이 축적되면 새로운 사회시스템 정비를 위한 부유식 해양공간이 매우 다양하게 전개될 것이다. 또한 향후 많은 수요가 발생하게 될 해양레저공간에서는 육역공간과 해역공간의 조화로운 활용계획이 중요하며 이를 위해서는 육역과 해역에 걸쳐 설치되는 잔교형식의 피어건축 활용이 요구된다. 항만시설인 피어를 해양레저시설로서 활용한 사례는 영국 등 해양선진국에서 다양하게 볼 수 있으며 우리 해양공간에도 친환경적인 잔교형식의 피어를 레저공간으로서 적극적으로 활용하게 될 것이다.

해저도시가 들어설 해저공간을 비롯한 해양공간의 중요성은 엄청나게 커질 것이다. 현재 연안의 관리와 이용에 국한된 해양공간에의 관심은 앞바다 공간으로 뻗어갈 것이며 해상공간, 해중공간, 해저공간으로 인간생활의 장이 확대될 것이다. 해양공간이 우리의 삶을 지속적으로 지탱해 주는 공간이 되기 위해서는 해저를 비롯한 해양공간에서 인간의 거주 및 생활이 다양한 형태로 이루어져야 한다. 이를 위해서는 해양공간에서 인간의 활동을 위한 해양건축 및 해양도시에 관한 종합적인 연구와 이를 바탕으로 해양건축물 및 해양도시의 설계와 건설경험의 축적이 필요하다. 해양공간은 궁극적으로 인간 중심의 생활공간으로 발전해야 하며 이를 위해서는 해양과학기술을 포함하여 해양공간과 인간의 삶 사이의 관계에 대한 다각적인 연구와 깊은 이해가 선행되어야 한다.

참고문헌

1. 위키피디아백과사전. http://en.wikipedia.org/wiki/Underwater_habitat#See_also
2. 伊澤 岬. 1990.『海洋空間のデザイン』, 彰國社
3. 日本建築學會 空間高度利理容 concept特別研究委員會. 1993. 5,「平成4年活動報告書」
4. Jacques Rougerie, http://www.rougerie.com
5. James W. Miller, Ian G. Koblick(1984), Living and Working in the Sea, Van Nostrand Reinhold 4. Diving Lore, http://www.divinglore.com/Underwater_Cities.htm
6. Vincent Callebout, http://vincent.callebaut.org

8장_인공섬을 활용한 해저도시 건설방안

1. 해양도시의 의미와 전망
2. 해상도시의 구상
3. 해상호텔의 실현
4. 해저도시의 실험
5. 미래 해양 공간의 실용화를 위해

1990년대부터 본격화된 세계경제의 개방화에 대응하여, 자국의 경제적 이해를 실현하기 위해 각 국가가 개방경제의 이점을 극대화하면서도 경제 블럭의 형성을 통한 지역주의(regionalism)전략을 추구함에 따라 경제통합 또한 가속화되었다. 특히 1992년 유럽연합(EU)의 출범과 1994년 북미 NAFTA의 출현은 경제통합의 단계와 성격은 다르지만 각 국가들이 경제 블럭을 형성하기 위해 노력하는 계기가 되었다. 많은 전문가들의 비관적 전망에도 불구하고 1999년 유럽중앙은행을 설립하면서 단일통화 및 단일통화정책에 기반한 경제통화동맹으로 발전된 EU는 경제통합의 의의를 한층 부각시켜 주었다. 소규모 국가들로 분산되어 있던 유럽대륙은 EU의 형성으로 미국과 함께 세계경제를 이끌어가는 양대 축으로 부상한 것이다. 반면 아시아의 경우 1997년 외환위기 이후 동북아 경제통합의 필요성이 제기되었고 일본이라는 경제대국의 존재 및 한국과 중국 등의 경제력에도 불구하고 정치적·사회적 이유로 인해 경제·통합은 거의 진전되지 못하고 있다. 따라서 아시아는 미국이나 EU에 필적할만한 경제적 잠재력에도 불구하고 국제무대에서의 교섭력이나 영향력은 매우 미약한 상황이다.

이러한 상황에서 한국·중국·일본은 각 국의 경제적 이익을 극대화하면서도 국제적 교섭력을 가지기 위해 지리적 근접성을 활용하는 통합전략이 필요하다. 날로 가속화되는 교통과 통신수단의 기술혁신은 세계를 일일생활권으로 만들었으며, 각 국가간의 지리적 접근성을 비약적으로 제고시키고 있다. 따라서 한·중·일 간의 해저터널의 건설은 경제적 파급효과뿐만 아니라 사회적·정치적 파급효과를 초래할 것으로 기대된다. 본 연구는 이러한 관점에서 한국과 중국 간의 해저터널 건설의 의의와 경제적 파급효과를 분석하는 것을 목적으로 한다.

1. 한중 해저터널이 동북아 경제에 미칠 영향

한국, 중국, 일본의 경제규모는 2007년 기준 약 8조 6,266억 달러로 전 세계

〈표 9-1〉 한국·중국·일본의 동북아 역내 무역 비중(2007년 기준) (단위: %)

산업	한국 무역에서의 비중			중국 무역에서의 비중			일본 무역에서의 비중		
	중국	일본	소계	한국	일본	소계	한국	중국	소계
기타 농수산물	21.9	2.2	24.1	5.1	3.7	8.8	0.7	5.6	6.4
가축 및 가금류	12.6	0.5	13.0	1.0	3.3	4.3	0.2	20.3	20.5
임업	7.4	2.5	9.8	1.4	4.1	5.5	1.1	9.4	10.5
어업	34.0	22.3	56.2	18.7	13.8	32.5	8.3	9.3	17.6
원유 및 천연가스	0.4	0.0	0.4	0.3	0.3	0.6	0.0	0.2	0.2
기타 광산물	13.2	0.5	13.8	3.3	2.2	5.5	0.2	3.5	3.7
음식료품과 담배	14.8	8.4	23.2	4.4	15.9	20.3	2.7	17.1	19.9
섬유, 가죽 및 관련 제품	38.7	4.5	43.2	4.2	11.2	15.4	2.5	55.7	58.2
목재와 나무제품	47.7	2.8	50.6	4.9	9.3	14.1	0.7	21.8	22.5
펄프, 종이와 인쇄물	11.4	7.8	19.2	2.8	9.1	11.9	4.5	21.9	26.4
화학제품	29.4	16.9	46.3	11.4	13.7	25.2	10.2	21.3	31.5
석유 및 석유제품	15.3	11.2	26.5	17.3	11.0	28.2	12.4	10.8	23.2
고무제품	20.7	7.7	28.4	3.7	8.6	12.3	3.1	19.5	22.6
비금속광물	29.5	31.2	60.6	7.8	11.4	19.2	16.1	22.2	38.4
금속광물	24.6	19.5	44.1	9.3	11.3	20.6	14.2	21.6	35.9
기계류	25.8	12.4	38.2	6.5	11.0	17.5	7.6	26.9	34.5
운송장비	4.9	6.9	11.7	5.4	14.8	20.3	3.2	6.1	9.3
기타 제품(정밀기계)	27.5	17.5	45.0	7.1	12.9	20.0	8.3	23.9	32.2
서비스	4.1	4.1	8.1	0.7	14.8	15.5	0.1	2.0	2.0
합계	19.9	11.4	31.3	6.7	10.9	17.5	6.2	17.7	23.8

자료: 최낙균 외(2008), 69쪽 수정.

GDP의 약 16%이며, 교역규모는 NAFTA의 4조 5,569억 달러에 육박하는 4조 2,358억 달러로 전 세계 총교역의 15.1%에 달한다. 더욱이 한국, 중국, 일본 등 동북아 3국은 제도적인 경제통합은 없지만 지리적 근접성과 경제성장 전략의 유사성으로 인해 무역 및 투자 확대를 통해 기능적인 경제통합을 심화시켜 왔다. 한·중·일 3국간 역내 교역비중은 1992년 12.7%에서 2007년 현재 21.6%에 이르고 있으며, 한국 무역에서 중국과 일본이 차지하는 무역 비중은 31.3%, 중국 무역에서 일본과 한국이 차지하는 비중은 17.5%, 일본 무역에서 중국과 한국이 차지하는 비중은 23.8%에 이르고 있다.

그러나 프랑스와 독일이 EU 건설의 쌍두마차의 역할을 하였던 것에 비해 한국·중국·일본 등 동북아 3국 중 어느 국가도 동북아 경제통합을 주도할 수 있는 지도력과 의지를 가지고 있지 않다. 중국은 ASEAN과의 경제적 통합을 일본이나 한국과의 관계보다 더 중요하게 여기고 있으며 일본은 동아시아 국가들과의 경제협력강화를 지지하는 입장을 가지고 있지만 과거의 역사적 유산으로 인해 자국의 전략적 이해를 정확하게 표출할 수 없는 처지이다. 또한 중국은 군사적 측면에서는 일본을 능가하지만 경제적 측면에서는 일본에 훨씬 미치지 못하고 있기 때문에 중국과 일본이 경제적으로나 정치적으로 힘의 균형을 유지하면서 동반자적 관점에서 동북아의 경제공동체 형성을 주도하는 것은 현 상황에서 쉽지 않다. 한국의 경우에는 동북아 경제공동체 형성을 위해 독자적으로 중국과 일본을 견인해 나가기에는 경제적으로나 정치적으로 역부족이다.

동북아 경제통합은 경제적 측면에서 역내 무역증대, 분업의 촉진, 규모와 범위의 경제 확대, 시장구조의 변화 및 성장촉진 등 동북아 전체의 정태적·동태적 이익을 제고시킬 수 있다. 또한 정치적 측면에서 보면 경제통합의 추진은 동북아지역 내 평화를 정착시키는 계기이면서 동시에 수단으로 기능할 수 있다. 예를 들어 1950년의 슈망선언으로 시작된 유럽경제통합 추진의 가장 중요한 목적은 유럽 내 전쟁종식과 지속적인 평화였으며 실제 경제통합의 진전은 유럽의 평화 유지에 기여한 것으로 평가받고 있다. 더욱이 동북아는 미국, EU와 함께 세계경제의 3대 성장축을 형성할 수 있는 유일한 지역이기 때문에 동북아 경제통합은 교섭력의 제고를 통해 세계경제의 발전에 영향을 미치고 국제협상을 동북아 국가들에게 유리하게 만들 수 있을 것이다. 따라서 한·중·일 3국은 동북아 경제통합을 통해 2차 세계대전 이후 상호불신과 대립으로 점철되어 온 동북아 지역을 협력과 상생의 장으로 전환시키고 경제적 번영과 정치적 평화를 달성할 수 있다. 특히 한국의 입장에서 보면 동북아 경제통합은 북핵 문제의 평화적 해결과 한반도의 평화 정착에 기여할 수 있을 것이다.

이러한 배경에서 한중 해저터널 건설은 무엇보다도 먼저 한국과 중국의 경제성장에 기여할 것이다. 최낙균 외(2008)에 따르면 한국과 중국의 생산파급효과는 1995년 이후 증가되고 있는 추세이다. 특히 한국, 중국, 일본 등 3국의 생산파급효과를 통한 상호의존성을 보면 중국 경제의 중요도가 높아지고 중국산업의 한국 및 일본경제에 대한 생산파급효과가 커지고 있다. 따라서 한중 해저터널의 건설에 따른 생산파급효과는 한국 및 중국 양국의 경제성장에 기여할 것이다.

둘째, 동북아 경제통합의 교두보가 될 수 있다. 동북아 경제통합의 실질적 추진을 위해 필요한 가장 핵심적이고 우선적인 과제는 경제통합을 실질적으로 주도해 나갈 수 있는 추진 주체의 형성이다. 한국의 경우 경제규모나 인구 측면에서 동북아 경제통합을 독자적으로 주도해 나가기에는 부족하다. 따라서 한중 해저터널의 공동 건설은 사업의 추진 과정 중에 한국과 중국의 협력관계를 긴밀하게 만들어 주기 때문에 한중 양국은 동북아 경제통합을 위한 쌍두마차로서의 역할을 수행할 수 있게 될 것이다. 이러한 과정에서 동북아에서의 중국의 영향력 확대를 견제하기 위해 일본이 동북아 경제통합을 위해 적극적으로 나서게 되면서 동북아 경제통합의 추진주체로서 한·중·일의 역할이 정립될 수 있을 것이다. 따라서 한중 해저터널 건설은 단순한 수송시스템의 건설이 아니라 동북아 경제통합의 실질적인 출발점이 될 것이다.

셋째, 한중 해저터널은 한국과 중국의 경제적 상호협력과 통합을 가속화시킬 것이다. 한국의 대중국 수출은 2007년 기준 총 수출 대비 22.1%로 1992년의 3.4%에서 7배가 증가되었고 대중국 수입의 경우에도 1992년 총 수입 대비 4.5%에서 2007년 17.7%로 증가되었다. 특히 2007년 기준 대일본 수입이 전체 수입의 15.8%에 그치면서 중국은 2007년부터 한국의 제1의 수입대상국으로 부상되었다. 또한 투자의 경우에도 한국의 대중국 직접투자는 1990년 말 누계 32건, 2,300만 달러에서 2006년 말 누계 15,921건, 1,700억 500만 달러에 이르고 있다. 또한 중국의 대한국 투자의 경우에도 신고기준 2006년 말 누계 5,225건으로 전체 외국인 투자건수의 14%에 해당하고 투자액은 17억 9,500만 달러에 이르러 1990년 말 누계 기준 2건, 3백만 달러였던 것에 비해 괄목할 만한 증가세를 보였다. 따라서 한중 해저터널은 한국과 중국의 심화되는 경제적 관계를 더욱 긴밀하게 결합시키면서 한국과 중국의 동반성장을 통해 동북아의 경제성장에 기여할 것이다. 또한 양국 시장의 확대와 통합으로 인한 한중 공동시장의 형성은 동북아 경제통합의 핵(core)으로서의 역할을 할 것이다. 효율적 수송 시스템은 상이한 경제를 단일시장으로 통합시킬 수 있도록 만드는 필수적 요소이다. 한중 해저터널의 건설은 지역간 수송 연결을 강화시켜 중국 경제와 한국 경제의 내적 결집력을 높이게 될 것이며 한국과 중국은 한중 해저터널의 추진과 완성을 통해 동북아 경제통합을 위한 동반자적 역할을 수행할 것이다.

넷째, 한중 해저터널의 건설은 한국과 중국의 지역경제발전에 기여하면서 동북아 경제통합이 창출할 수 있는 편익의 모범적인 사례가 될 것이다. 수송 및 인프라스트럭처는 건설을 통한 경제적 효과를 발생시키는 동시에 중장기적으로 지역경제의 발전과 변화에 기여하고 지역의 산업구조의 변화도 초래할 수 있다. 예를 들어 영국과 프랑스 사이의 채널 터널(Channel Tunnel)은 건설 당시에 단기적으로 8,000명의 일자리를 창출했을 뿐만 아니라 1994년 터널이 개통된 이래 8,500개 이상의 일자리를 창출하였고 터널 건설로 인한 부동산 개발은 2,200여개의 일자리를 창출하였다. 더욱이 연간 3,000만 명 이상이 이동하면서 채널 터널 주변의 영국과 프랑스의 지역경제는 터미널 건설과 호텔, 상업센터 등으로 인해 활성화되었다.[1] 유로터널사의 추정에 따르면 1994년 5월 개통 이래 2억 1,200만 명이 이동하였고 2007년에는 950만 명, 하루 평균 26,000명이 유로터널 셔틀을 이용하였다. 또한 2008년 9월의 화재로 인해 셔틀의 가동력은 일시적으로 약 50%까지 감소되었지만, 유로스타의 승객 수는 2008년 911만 명으로 2003년의 630만 여명에서 약 45%가 증가되었다. 또한 화물량의 경우에도 개통 이래 1억 9,600만 톤의 상품들이 운송되었으며 2007년 기준 매일 50,000톤 이상의 상품이 유로터널 셔틀에 의해 운송되고 있다. 이와 같은 물동량과 이용자수의 증가로 인해 채널터널을 운용하는 유로터널사는 2007년 부채 삭감에 들어간 33억 유로의 이윤을 제외하고도 최초로 1백만 유로의 순이익을 기록하였다. 따라서 채널터널의 경험과 같이 인프라스트럭처의 건설에 따른 편익은 시설 및 장비의 운영에 따른 부가가치뿐만 아니라 지역경제의 활성화와 지역경쟁력의 강화를 포함해서 추

1) 채널 터널의 성과에 대해서는 http://www.eurotunnel.com을 참조하였음.

정되어야 할 것이다. 이러한 관점에서 한중 해저터널의 건설로 인한 편익은 중장기적으로 동북아 국가들이 상호 협력 및 통합을 통해 획득할 수 있는 경제적 이득의 가능성을 가장 잘 보여줄 수 있을 것이다.

다섯째, 한중 해저터널은 동북아 경제공동체의 미래를 상징하는 중요한 기념물이 될 것이다. 영국과 프랑스를 연결하는 채널터널이 유럽의 관점에서 지역통합의 상징이었다면 한중 해저터널은 동북아 경제통합의 국제적인 정치적 상징의 역할을 할 것이다. 한국과 중국이 이데올로기와 정치시스템의 차이에도 불구하고 한중 해저터널을 공동으로 건설할 수 있다면 이는 세계평화와 동북아 평화 정착에 크게 기여할 것이다.

2. 한중 해저터널의 경제적 파급효과

1) 분석 방법

한중 해저터널의 경제적 파급효과를 객관적으로 추정하기 위한 모형을 구축하는 것은 쉽지 않은 작업이다. 한국과 중국의 경제 구조나 경제 규모가 다를 뿐만 아니라 한국과 중국의 경제적 연관관계를 고려해야 하기 때문이다. 따라서 본 연구에서는 객관적 추정이 가능한 아시아 국제 I-O(Asian International Input-Output Table 2000)를 이용하여 한중 해저터널의 건설에 따른 생산유발효과(Effect on Production Inducement)와 부가가치 유발효과(Effect on Value Added Inducement)를 분석한다.[2)] 생산유발효과는 최종수요에 대한 직간접적인 생산액 변동이며, 부가가치 유발효과는 특정 산업부문의 국내 생산물에 대한 최종수요의 한 단위 발생이 유발하는 전체 산업의 직간접적 부가가치의 변동을 의미한다. 따라서 생산유발효과와 부가가치 유발효과는 특정

2) 가장 바람직한 추정 방법은 한국과 중국의 국제 I-O를 사용하는 것이지만, 이러한 국제 I-O가 없기 때문에 아시아 국제 I-O를 이용하였음.

산업의 변동에 따른 경제적 파급효과를 보여주는 핵심적인 지표들이다. 한편 아시아 국제 I-O에는 고용에 관한 모형이 없다. 따라서 각국의 I-O에 따른 취업유발계수와 고용유발계수를 활용하여 한중 해저터널 건설이 취업이나 고용에 미치는 효과를 추정해 볼 수 있다. 그러나·중국의 취업유발계수나 고용유발계수의 자료 취득이 어렵기 때문에 본 연구에서는 한국은행의 2005년 산업연관표로 추정한 취업 및 고용유발계수를 활용하여 한중 해저터널로 인한 우리나라의 취업 및 고용유발효과만을 추산한다.

원래 아시아 국제 I-O는 인도네시아, 말레이시아, 필리핀, 싱가포르, 태국, 타이완, 중국, 한국, 일본, 미국 등으로 구성되어 있으며, 대분류는 7개 부문, 중분류는 24개 부문, 세부분류는 76개 부문으로 구분된다. 본 연구에서는 분석을 용이하게 하기 위해 24분류 방식을 선택하였다. 이 방식에 따르면 농업과 축산업은 5개 세부업종, 광업은 2개 업종, 제조업은 12개 업종, 기타 부문은 5개 업종으로 구성된다.

본 연구는 한중 해저터널이 한국과 중국에 미치는 파급효과 분석이 목적이지만, 한중 해저터널이 향후 동북아 통합에 미치는 의의를 고려하여 일본의 경제적 파급효과를 추가로 분석하였다. 따라서 한국, 중국, 일본의 경제적 관계를 분석하기 위해 아시아 국제 I-O 24개 산업부문(sector)에서 3국가의 자국 내 및 3국가 간 거래된 산업별 금액을 추출하여 3국간 산업연관표를 구성하였다. 한편 생산유발계수 및 부가가치유발계수 산출을 위한 총투입액으로는 해당 국가의 총투입액을 사용하였다. 즉 아시아 국제 I-O에서 한국, 중국, 일본의 산업별 투입액만 추출하여 72×72행렬을 생성하여 총투입액으로 나누어 유발계수를 구하였다.

생산유발효과: $X = (I - A^{d})^{-1} \times Y^{d}$

X: **생산유발액** $(I - A^{d})^{-1}$: **한중일 생산유발계수행렬** $Y_{,}^{d}$: **최종수요항목**

(한국과 중국 건설 산업에 투입된 금액)

부가가치 유발효과: $V = \widehat{A^{v}}(I - A^{d})^{-1} \times Y^{d}$

V : **부가가치유발액** $\widehat{A^{v}}$: **부가가치 벡터의 대각행렬**

한편 본 분석모형에서 원화로의 환산에 활용된 환율은 아시아 국제 I-O가 작성될 때 사용된 환율로서 1 US달러를 1,130.96원으로 가정하였다.

2) 추정 결과

본 연구에서는 한중 해저터널의 길이는 373km로 가정하고 한국과 중국 양쪽이 동일한 길이의 터널을 구축하기 위해 동일한 비용을 투자하는 것으로 간주한다. 따라서 한중 해저터널 건설을 위한 예상 공사비를 총 117조 8,094억 원으로 가정하면, 한국과 중국이 50%씩 공사비를 부담하여 각각 58조 9,047억 원을 투입하게 될 것이다. 또한 투자공사비는 모두 아시아 국제 I-O 24개 산업부문의 건설 산업에 투입하는 것으로 가정하였다.

한중 해저터널 건설은 한·중·일 3국 경제에 모두 긍정적인 파급효과를 가져온다. 한국의 생산유발액은 102,589,436천 달러(116조 245억 원)이며, 중국의 생산유발액은 133,259,486천 달러(150조 7,111억 원), 일본의 생산유발액은 7,602,631천 달러(8조 5,982억 원) 등 총 243,451,553천 달러, 약 275조 3,339억 원에 달한다. 즉 한국과 중국의 117조 8천억 여원의 투자는 동북아 3국에서 2배 이상의 긍정적 파급효과를 가져오는 것이다. 산업 부문별로 보면 한국과 중국의 경우 양국 모두 건설 산업의 생산유발효과가 가장 크고 금속광물과 서비스에 미치는 파급효과도 큰 편에 속한다. 일본의 경우에는 한국과 중국의 공동 사업으로 인해 금속광물과 기계류의 생산유발효과가 크다. 한편 동일한 투자액의 투입에도 불구하고 중국의 생산액이 한국의 생산액보다 큰 것은 중국경제의 규모가 더 클 뿐만 아니라 산업구조의 차이에 따라 생산유발계수가 다르기 때문이다.[3)]

한편 부가가치 유발액은 한국 43,180,830천 달러(48조 8,357억 원), 중국 41,895,968천 달러(47조 3,826억 원), 일본 3,269,758천 달러(3조 6,979억 원) 등 총 88,346,555천 달러(99조 9,164억 원)이다. 한국과 중국의 경우 한중 해저터널 건설로 인해 건설 산업의 부가가치 유발효과가 큰 반면 일본은 기계류 및

---

3) 아시아 국제 I-O에 따라 분류된 3국의 산업구조에 대해서는 〈부록〉을 참조.

〈표 9-2〉 한국 해저터널의 생산유발효과 (단위: 천 달러)

산업	한국	중국	일본	합계
쌀	88,833	180,050	2,110	270,992
기타 농수산물	188,949	617,426	3,488	809,863
가축 및 가금류	78,522	288,399	2,716	369,638
임업	35,879	262,511	10,286	308,676
어업	34,099	148,691	1,925	184,715
원유 및 천연가스	0	2,607,713	774	2,608,487
기타 광산물	727,161	2,497,466	27,458	3,252,084
음식료품과 담배	509,416	730,062	27,248	1,266,726
섬유, 가죽 및 관련 제품	297,362	1,725,121	123,494	2,145,978
목재와 나무제품	1,144,107	1,187,465	33,201	2,364,773
펄프, 종이와 인쇄물	899,528	1,373,466	150,178	2,423,172
화학제품	1,748,595	3,070,864	465,963	5,285,421
석유 및 석유제품	2,384,406	6,576,019	114,632	9,075,057
고무제품	145,471	611,320	37,248	794,039
비금속광물	5,272,091	9,848,019	252,554	15,372,664
금속광물	13,266,094	13,165,101	2,005,282	28,436,477
기계류	4,653,080	9,391,877	2,004,656	16,049,612
운송장비	302,986	1,297,942	72,342	1,673,270
기타 제품(정밀기계)	1,799,398	1,701,920	295,413	3,796,732
전기, 가스, 수도	1,267,225	4,809,886	163,107	6,240,218
건설	52,391,646	52,502,903	58,554	104,953,103
유통과 운송	3,342,171	8,950,662	979,571	13,272,404
서비스	12,012,417	9,714,604	768,781	22,495,802
공공행정	0	0	1,651	1,651
합계	102,589,436	133,259,486	7,602,631	243,451,553

금속광물의 부가가치 유발액이 높다. 동일한 투자액에도 불구하고 한국의 부가가치가 중국의 부가가치보다 높은 것은 한국이 중국에 비해 건설관련 산업이 타 산업과의 연관관계가 높기 때문인 것으로 판단된다.

〈표 9-3〉 한국 해저터널의 부가가치 유발효과 (단위: 천 달러)

산업	한국	중국	일본	합계
쌀	73,078	110,995	1,344	185,417
기타 농수산물	136,379	389,552	2,255	528,186
가축 및 가금류	19,764	138,502	648	158,914
임업	28,169	186,296	7,103	221,568
어업	16,315	87,266	1,089	104,670
원유 및 천연가스	0	1,769,042	483	1,769,525
기타 광산물	461,311	1,135,390	11,364	1,608,066
음식료품과 담배	138,995	233,387	10,590	382,972
섬유, 가죽 및 관련 제품	89,008	459,271	45,318	593,597
목재와 나무제품	372,442	308,610	12,409	693,461
펄프, 종이와 인쇄물	257,906	399,488	61,726	719,119
화학제품	399,240	768,302	150,800	1,318,341
석유 및 석유제품	799,678	1,641,889	46,919	2,488,486
고무제품	53,141	137,674	14,321	205,136
비금속광물	1,863,025	2,957,512	109,077	4,929,614
금속광물	3,386,851	2,951,685	689,419	7,027,955
기계류	1,309,668	2,243,109	716,194	4,268,971
운송장비	74,760	314,518	19,612	408,890
기타 제품(정밀기계)	509,545	415,401	106,483	1,031,428
전기, 가스, 수도	586,765	1,948,470	86,197	2,621,431
건설	23,072,130	14,082,567	26,720	37,181,417
유통과 운송	1,811,236	4,324,708	639,012	6,774,957
서비스	7,721,425	4,892,332	509,487	13,123,244
공공행정	0	0	1,189	1,189
합계	43,180,830	41,895,968	3,269,758	88,346,555

한편 아시아 국제 I-O를 활용해서는 고용유발과 취업유발을 추정할 수 없다. 따라서 본 연구에서는 2005년 기준 한국은행의 산업별 취업계수표(78부문, 통합중분류)에 근거하여 한중 해저터널의 건설에 따른 국내 고용 및 취업

유발 효과만을 평가한다. 한중 해저터널 건설은 전 산업에서 약 937,444명의 취업과 약 811,531명의 고용을 유발하는 것으로 추산된다. 결국 본 연구에 따르면 한중 해저터널이 한국과 중국 경제 나아가 일본 경제에 미치는 긍정적 파급효과는 매우 크다. 더욱이 본 분석에서는 한중 해저터널 건설로 인해 발생할 수 있는 편익 등이 고려되지 않았다. 따라서 해저터널 건설 후 발생하는 관광수입, 운송수입, 관련 지역경제 활성화 등까지 고려한다면 한중 해저터널의 경제적 편익은 더 높아질 것이다.

3) 향후 경제성 분석 시 고려사항

본 연구는 한중 해저터널 건설의 사전 타당성 검토 수준에서 여객 및 화물 수요를 개략적 예측하였다. 그러나 향후 해중해저터널의 본격적인 추진을 위해서는 경제성 분석을 바탕으로 한 구체적인 타당성 검증이 필요하다. 2009년부터 국토해양부에서 추진하고 있는 "동북아 경제공동체 대비를 위한 한중 해저터널 기초연구"에서는 경제성 분석을 수행할 것으로 예상되는데, 이에 본 연구에서는 경제성 분석 단계에서 고려해야 될 본 사업의 편익항목에 대해서 사전 검토하였다.

(1) 일반적인 편익항목

예비타당성조사의 기준이 되는 "도로·철도 부문사업의 예비타당성조사 표준지침 수정·보완 연구(제4판)"에서 제시하는 일반적인 도로 및 철도사업의 편익항목은 다음과 같다.

① 차량운행비용 절감편익
② 통행시간 절감편익
③ 교통사고 절감편익
④ 환경비용(공해 및 소음) 절감편익

〈표 9-4〉 도로 및 철도사업 공통 편익항목

구분	편익항목
공통편익	· 차량운행비용 절감 편익 · 통행시간 절감 편익 · 교통사고 감소편익 · 환경비용(공해 및 소음) 절감 편익
사업특수편익	· 공사 중 교통혼잡으로 인한 부(-)의 편익 · 철도건널목 개선 편익 · 철도사업으로 인한 도로공간 축소에 따른 부(-)의 편익 · 주차비용 절감 편익

자료: 한국개발연구원(2004), 도로·철도 부문사업의 예비타당성조사 표준지침 수정·보완 연구(제4판).

사업의 특수성에 따라 공사 중 교통혼잡으로 인한 부(-)편익, 철도건널목 개선편익, 철도사업으로 인한 도로공간 축소에 따른 부(-)편익, 주차비용절감편익을 포함하기도 한다.

(2) 한중 해저터널 건설사업의 특수성 반영

일반적인 도로·철도 사업이 공로부문의 차량과 철도 이용자를 대상으로 편익을 산정하는데 비해 본 한중 해저터널 건설 사업은 해저터널을 이용하는 차량 및 철도 뿐만 아니라 항공 및 해운 부문의 이용자를 대상으로 편익을 산정해야 한다는 대상 교통수단에 있어서 근본적인 차이가 있다. 따라서 경제성 분석에서는 각 수단간 운행비용 및 통행시간, 교통사고, 환경비용 등을 종합적으로 고려하는 것이 필요하다.

또한, 향후 해저터널의 상당부분이 중국 및 유럽 방향의 화물수요 처리에 이용될 것이므로 기존 타당성 조사에서 제외된 화물의 통행시간가치를 반영한 통행시간절감 편익을 반영하는 것이 필수적일 것이다. 더불어 교통사고 절감편익이나 환경비용 절감편익의 경우 해저터널에 대한 축적된 자료가 불충분하므로 신중한 접근이 필요하다.

마지막으로 한중양국 간 막대한 비용 및 기술이 투입되며, 국경을 공로로 직접 연결한다는 사업의 특수성을 감안할 때, 동북아 경제권을 묶는 교량역

〈표 9-5〉 한중 해저터널 사업의 편익항목

구분	해저터널		해운	항공
	도로	철도		
운행비용 편익	· 차량운행비용 신규 발생	· 열차운행비용 신규발생 (편익항목에서 제외: 경제성 분석 시 비용항목으로 반영)	· 운행비용 절감 (운항횟수 감소)	· 운행비용 절감 (운항횟수 감소)
통행시간 편익 (화물통행시간가치포함)	· 해운 대비 통행시간 절감 · 항공 대비 통행시간 증가		-	-
교통사고 편익	· 해운 대비 교통사고 증감소 · 항공 대비 교통사고 증감소		-	-
환경비용 편익 (대기/소음)	· 해운 대비 환경비용 증감소 · 항공 대비 환경비용 증감소		-	-
사업의 특수편익	· 시장권 확대(수출입) 편익 · 관광수요 유발 편익 · 지역개발 편익 · 산업구조 개편에 따른 편익		-	-

할을 수행할 것이라는 측면에서 시장권 확대(수출입) 편익, 관광수요 유발편익, 지역개발 편익, 산업구조 개편에 따른 편익이 추가적으로 검토되는 것이 바람직하다.

3. 문화·관광교류 증대 효과

중국정부의 내국인에 대한 해외관광 규제가 크게 완화되고, 한중 간 교류가 단순한 경제적인 측면의 차원을 넘어 문화, 관광 등으로 급격히 확대되면서 한중 양국 상호 간 인적교류 또한 큰 폭의 증가세를 나타내고 있다. 1992년 한중 수교 이후 한국인의 중국 방문은 연평균 36.2%의 증가세를 나타내 연간 한국인의 중국 방문객은 300만 명에 달하고 있으며, 동 기간 중국인의 한국 방문 또한 연평균 18.1%의 증가세를 나타내었다. 특히 1998년에 한국이

〈그림 9-1〉 한중 양국 상호 간 방문객 추이(2000년=100)

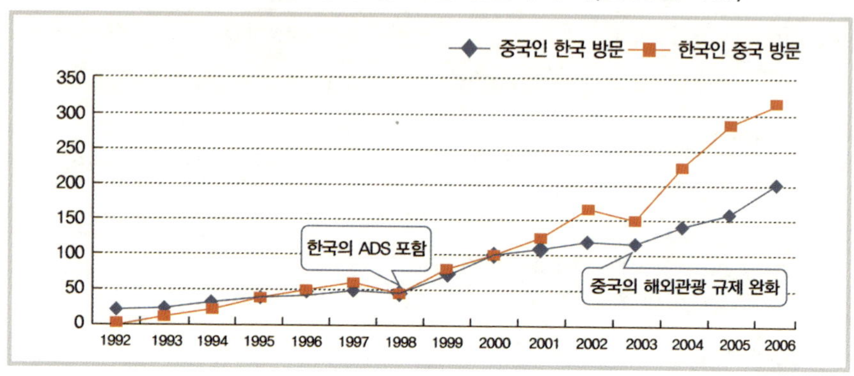

중국의 해외관광 자유목적지(Approved Destination Status, ADS) 포함되고, 2002년에 중국정부가 자국민에 대한 해외관광 규제를 큰 폭으로 완화함에 따라 최근에는 한국을 방문하는 중국 관광객이 연간 100만 명을 초과하고 있다.

중국인의 한국방문이 큰 폭의 증가세를 나타내면서 중국 아웃바운드 시장에서 한국은 5위를 차지하고 있지만, 중국인의 국가별 해외출국자 가운데 한국방문객이 차지하는 비중은 2.5% 내외의 수준에 불과한 것으로 나타나고 있다. 중국인의 한국 방문은 양적인 측면에서의 증가 뿐만 아니라 내용적인 측면에서 관광목적의 입국이 큰 폭의 증가세를 나타내고 있다. 1997~2007년 기간 동안 목적별 중국인의 방한 현황은 관광목적의 한국 방문이 연평균 28.0%로 가장 높은 증가세를 나타내었으며, 그 다음은 상용 19.2%, 공용 15.0% 등의 순으로 나타났다. 관광목적의 한국방문이 큰 폭의 증가세를 나타내면서 중국인의 한국방문객 가운데 관광목적의 방문객이 차지하는 비중 또한 1997년 16.6%에서 2007년 39.3%로 증가하였다.

한중 간 경제를 포함한 다양한 분야에서의 교류가 급격히 확대되면서 최근에는 단순한 인적교류, 경제교류 등 차원을 넘어 문화교류가 활발하게 진행되고 있으며, 심지어는 문화를 상품화하는 단계로까지 발전하고 있다. 한류로 인한 한국 문화상품의 중국 진출이 활발하게 진행되고 있으며, 한중간 교류확대와 함께 중국 문화상품의 한국 진입 또한 빠르게 진행되고 있다.

〈표 9-6〉 중국인의 방한 목적 및 현황

연도	중국인의 방한 목적				합계 (명)	관광비중 (%)	중국인의 해외출국 (만 명)
	관광(명)	상용(명)	공용(명)	기타(명)			
1997	35,578	28,920	683	149,063	214,244	16.6	817.5
1998	54,300	26,643	1,088	128,631	210,662	25.8	842.6
1999	137,816	35,623	1,308	141,892	316,639	43.5	923.2
2000	194,266	48,714	1,215	198,599	442,794	43.9	1047.3
2001	222,170	71,437	1,161	187,459	482,227	46.1	1213.4
2002	237,904	75,054	1,517	224,991	539,466	44.1	1,660.2
2003	190,492	76,942	1,314	244,020	512,768	37.2	2,022.2
2004	264,910	88,322	1,762	272,270	627,264	42.2	2,885.0
2005	314,433	114,044	2,116	279,650	710,243	44.3	3,102.6
2006	392,142	164,618	2,462	337,747	896,969	43.7	3,452.4
2007	420,467	168,182	2,772	477,504	1,068,925	39.3	4,095.0
연평균증가율	28.0	19.2	15.0	12.3		17.4	17.4

자료: 관광지식정보시스템(http://tour.go.kr).
주: 상용은 일반기업종사자 등의 업무상 방문이며, 공용은 공무, 협정자격의 방문을 의미함.

한중 간의 교류협력이 경제, 문화, 관광 등 다양한 분야에서 급격한 증가세를 나타내면서 양국 간 교류협력 활성화를 위한 다양한 분야의 SOC도 빠르게 확충되는 추세를 나타내고 있다. 한중 양국 간 비행횟수는 주간 600회 내외에 달하고, 중국에 유학한 한국학생은 4만 명, 한국에 유학한 중국학생은 2.5만 명에 달하고 있다. 또한 한중양국 모두 차이나타운 건설, 한국인의 날 행사 개최 등 한중 교류협력 활성화와 관련된 다양한 사업이 추진되거나 모색되고 있다.

한중 간 교류협력이 20년도 되지 않은 짧은 기간 동안 다양한 분야에서 이와 같이 급격한 증가세를 나타내면서 국가차원의 협력 또한 점진적으로 성숙되는 추세를 나타내고 있다. 한중 양국정부는 1992년 국교수립 이후, 1998년 "전략적 동반자 관계", 2003년 "전면적 동반자 관계"로 격상하였으며, 최근엔 이명박 대통령과 후진타오 주석간 "전략적 협력 동반자 관계"로 격상하는데 합의하고, 정치적 신뢰증진, 호혜협력 심화, 인적·문화적 교류, 지역 및 범세계적 문제에 대한 조율과 협력 강화 등 4개 항에 합의하였다.

〈그림 9-2〉 한중 간 공동생활권 형성 방안

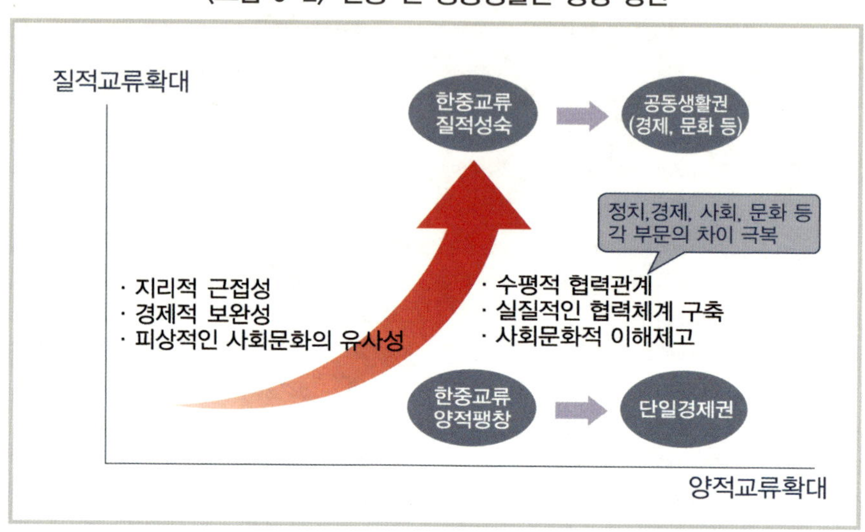

특히 양국 정상은 한중간 FTA체결 논의 확대와 함께 2010년과 2012년을 각각 "중국 방문의 해"와 "한국 방문의 해"로 정하고 문화, 관광, 청소년, 민간단체 등의 교류를 더욱 촉진시키는 등에 합의한 것으로 보도되고 있다. 한중 양국 간의 이러한 제도적인 측면에서의 합의는 한중 양국 간의 교류협력이 그동안의 양적인 팽창위주에서 질적인 성숙으로 전환되고, 진일보한 협력의 틀 조성은 물론 양국 간의 관계를 단순한 경제공동체를 넘어 지역공동체 혹은 공동생활권을 형성하는데 있어 토대를 제공할 것으로 전망된다.

한중 양국 간 교류협력은 과거의 지리적 근접성, 경제적 보완성, 피상적인 사회문화의 유사성에 근거한 양적인 팽창 차원을 넘어 수평적인 생산네트워크 구축을 통한 경쟁과 협력이 확대될 것으로 전망되고 있다. 또한 문화, 관광 등 다양한 분야에서 보다 진전된 실질적인 협력체계 구축이 모색되는 등 하나의 공동생활권으로 발전되고 있는 상황에서 한중 해저터널의 건설은 양국 간 교류를 더욱 빈번히 하고, 공간적인 거리를 더욱 축소시킬 것으로 전망된다.

부록

〈표 9-7〉 일본, 중국, 한국의 산업구조(2000년 산출액 기준) (단위: 천 달러)

산업	한국	중국	일본
쌀	0.78	1.63	0.26
기타 농수산물	1.03	3.93	0.55
가축 및 가금류	0.60	3.17	0.30
임업	0.10	0.34	0.15
어업	0.31	0.95	0.21
원유 및 천연가스	0.00	1.70	0.01
기타 광산물	0.20	1.39	0.14
음식료품과 담배	4.31	5.80	4.15
섬유, 가죽 및 관련 제품	3.33	6.71	0.85
목재와 나무제품	0.54	0.63	0.57
펄프, 종이와 인쇄물	1.70	1.51	2.22
화학제품	4.71	6.07	2.80
석유 및 석유제품	3.88	3.09	1.39
고무제품	0.52	0.72	0.30
비금속광물	1.19	2.47	0.89
금속광물	6.14	6.32	3.88
기계류	13.30	12.15	9.54
운송장비	5.77	3.77	5.29
기타 제품(정밀기계)	2.13	2.75	2.07
전기, 가스, 수도	2.29	3.73	2.52
건설	7.30	8.60	8.26
유통과 운송	8.89	7.90	14.50
서비스	27.80	12.51	35.28
공공행정	3.20	2.17	35.28
합계	100.00	100.00	100.00

〈표 9-8〉 한중 해저터널에 대한 중국투자의 국가별 생산유발효과 (단위: 천 달러)

산업	한국	중국	일본	합계
쌀	830	176,704	647	178,181
기타 농수산물	730	600,931	1,067	602,728
가축 및 가금류	827	283,900	941	285,667
임업	514	256,062	3,076	259,651
어업	447	145,308	592	146,348
원유 및 천연가스	0	2,581,180	227	2,581,407
기타 광산물	5,713	2,428,144	7,412	2,441,269
음식료품과 담배	4,772	715,780	8,423	728,976
섬유, 가죽 및 관련 제품	46,336	1,683,401	47,022	1,776,759
목재와 나무제품	10,812	1,149,397	9,753	1,169,962
펄프, 종이와 인쇄물	36,526	1,358,063	49,704	1,444,293
화학제품	126,690	3,026,542	138,494	3,291,726
석유 및 석유제품	150,593	6,526,026	33,706	6,710,325
고무제품	9,054	602,464	12,047	623,565
비금속광물	25,588	9,801,542	68,974	9,896,104
금속광물	347,571	12,870,592	561,128	13,779,291
기계류	227,521	9,281,838	643,787	10,153,146
운송장비	4,852	1,280,303	31,081	1,316,236
기타 제품(정밀기계)	35,125	1,671,740	86,741	1,793,606
전기, 가스, 수도	22,150	4,755,006	48,291	4,825,447
건설	2,919	52,499,327	17,362	52,519,608
유통과 운송	68,233	8,830,507	295,554	9,194,294
서비스	86,031	9,650,518	233,392	9,969,941
공공행정	0	0	501	501
합계	1,213,832	132,175,277	2,299,923	135,689,031

〈표 9-9〉 한중 해저터널에 대한 중국투자의 국가별 부가가치유발효과 (단위: 천 달러)

산업	한국	중국	일본	합계
쌀	683	108,933	412	110,027
기타 농수산물	527	379,145	690	380,362
가축 및 가금류	208	136,342	225	136,774
임업	403	181,719	2,124	184,246
어업	214	85,281	335	85,830
원유 및 천연가스	0	1,751,043	142	1,751,184
기타 광산물	3,624	1,103,875	3,068	1,110,567
음식료품과 담배	1,302	228,821	3,274	233,397
섬유, 가죽 및 관련 제품	13,870	448,164	17,255	479,289
목재와 나무제품	3,520	298,717	3,645	305,882
펄프, 종이와 인쇄물	28,926	757,213	44,821	830,960
화학제품	3,307	135,680	4,632	143,618
석유 및 석유제품	9,042	2,943,554	29,790	2,982,386
고무제품	64,039	2,216,828	230,003	2,510,869
비금속광물	9,946	408,034	31,266	449,247
금속광물	1,285	14,081,608	7,923	14,090,817
기계류	55,300	4,860,058	154,674	5,070,032
운송장비	394,340	41,538,219	988,528	42,921,087
기타 제품(정밀기계)	30,846	402,549	9,813	443,208
전기, 가스, 수도	25,177	1,900,346	10,118	1,935,641
건설	7,817	13,892,323	1,268	13,901,407
유통과 운송	190,210	4,209,301	36,481	4,435,991
서비스	152,595	4,794,729	54,557	5,001,880
공공행정	356	0	0	356
합계	975,240	40,979,860	389,039	42,344,139

〈표 9-10〉 한중 해저터널에 대한 한국투자의 국가별 생산유발효과 (단위: 천 달러)

산업	한국	중국	일본	합계
쌀	88,003	3,346	1,463	92,812
기타 농수산물	188,220	16,495	2,420	207,135
가축 및 가금류	77,696	4,500	1,775	83,971
임업	35,365	6,449	7,211	49,025
어업	33,651	3,383	1,333	38,367
원유 및 천연가스	0	26,533	547	27,080
기타 광산물	721,448	69,322	20,046	810,815
음식료품과 담배	504,644	14,282	18,825	537,751
섬유, 가죽 및 관련 제품	251,026	41,720	76,472	369,218
목재와 나무제품	1,133,294	38,069	23,448	1,194,811
펄프, 종이와 인쇄물	863,003	15,402	100,474	978,879
화학제품	1,621,905	44,321	327,469	1,993,695
석유 및 석유제품	2,233,813	49,993	80,926	2,364,731
고무제품	136,418	8,856	25,201	170,475
비금속광물	5,246,503	46,477	183,580	5,476,560
금속광물	12,918,523	294,509	1,444,154	14,657,186
기계류	4,425,559	110,039	1,360,869	5,896,466
운송장비	298,135	17,639	41,261	357,034
기타 제품(정밀기계)	1,764,273	30,180	208,673	2,003,126
전기, 가스, 수도	1,245,075	54,880	114,816	1,414,771
건설	52,388,728	3,575	41,192	52,433,495
유통과 운송	3,273,939	120,154	684,017	4,078,110
서비스	11,926,385	64,086	535,389	12,525,860
공공행정	0	0	1,150	1,150
합계	101,375,604	1,084,209	5,302,708	107,762,522

〈표 9-11〉 한중 해저터널에 대한 한국투자의 국가별 부가가치유발효과 (단위: 천 달러)

산업	한국	중국	일본	합계
쌀	72,395	2,063	932	75,389
기타 농수산물	135,853	10,407	1,565	147,824
가축 및 가금류	19,556	2,161	424	22,140
임업	27,766	4,577	4,979	37,322
어업	16,101	1,985	754	18,840
원유 및 천연가스	0	18,000	341	18,341
기타 광산물	457,687	31,515	8,297	497,498
음식료품과 담배	137,693	4,566	7,316	149,575
섬유, 가죽 및 관련 제품	75,139	11,107	28,063	114,308
목재와 나무제품	368,922	9,894	8,764	387,579
펄프, 종이와 인쇄물	247,433	4,480	41,296	293,209
화학제품	370,314	11,089	105,979	487,382
석유 및 석유제품	749,172	12,482	33,123	794,777
고무제품	49,834	1,994	9,689	61,517
비금속광물	1,853,983	13,958	79,287	1,947,228
금속광물	3,298,116	66,030	496,502	3,860,649
기계류	1,245,630	26,281	486,191	1,758,102
운송장비	73,563	4,274	11,186	89,023
기타 제품(정밀기계)	499,598	7,366	75,217	582,182
전기, 가스, 수도	576,509	22,232	60,677	659,417
건설	23,070,844	959	18,797	23,090,601
유통과 운송	1,774,259	58,055	446,211	2,278,525
서비스	7,666,125	32,274	354,813	8,053,213
공공행정	0	0	828	828
합계	42,786,489	357,749	2,281,230	45,425,469

참고문헌

1. 박진희. 2007.「I-O분석을 통해 본 한일 해저터널사업의 경제적 파급효과」, ≪한국지역개발학회지≫, 제19권 제2호, 133~156쪽.
2. 지만수. 2008.『한중 FTA, 어떻게 접근할 것인가?』, 대외경제정책연구원.
3. 최낙균·정형곤·김한성. 2008.「한·중·일 3국의 FTA 비교분석과 동북아 역내국간 FTA 추진 방안」, ≪연구보고서≫, 08~04, 대외경제정책연구원.
4. Chang Jae Lee. 2007. Growing Needs for a CJK FTA, KIEP.

10장_한중 해저터널의 재원조달 방안

1. 해외 해저터널 사업의 재원조달 체계
2. 한중 해저터널 사업의 자금조달 방법
3. 한중 해저터널 사업의 재원확보 방안
4. 한중 해저터널 사업의 리스크 분석

한중 해저터널사업은 양국 간 참여, 대규모 재원조달(총 사업비 약 120조원), 장기의 사업기간 소요(공사기간만 10년 이상 소요 예상), 역내 국가 간 이질적인 정치·경제적 구조라는 특징을 가지고 있다. 사업 추진을 위해서는 우선 양국 간 이해 상충 해결, 여객 및 화물 물동량 예측, 공사비 산정, 재원조달 방안, 경제성 확보, 정치 및 경제적 리스크 제거 방안, 해저터널 건설에 관한 기술력과 노하우 축적, 해저터널의 사업 형태, 운영구조에 대해 한국과 중국 간의 심도있는 협의 및 검토가 필요하다. 한중 해저터널사업은 상세한 지질조사를 통한 터널 노선 선정, 운영구조 결정, 재원조달, 해저터널 건설, 상업운전 개시 등의 단계를 거쳐야 한다. 정치·경제적 리스크 제거와 경제성 확보를 위해 사업의 각 단계별로 한중 양국 간 또는 민간사업자 간 협의도 필수적이다.

본 장에서는 한중 해저터널을 건설하는데 소요되는 재원을 조달하는 방안에 대해 알아보고자 한다. 우선 해외의 해저터널 재원 조달 사례 및 국내 프로젝트 파이낸스 사례를 알아보고 대규모 사업에 대한 프로젝트 재원 조달 방법에 대해 살펴본 후, 투자재원 확보방안에 대해서 모색하고자 한다.

1. 해외 해저터널 사업의 재원조달 체계

1) 해외 프로젝트 파이낸스

해외 프로젝트 파이낸스는 1970년대 들어 영국 북해 유전개발 사업의 성공(1972년, 총 9억 4,500만 달러 조달)과 1978년 미국의 공익기업 규제정책법 시행과 같은 규제 개혁에 힘입어 선진국에서 본격적으로 활성화되었다. 1990년대 초반 들어 영국은 민간주도방식(PFI: Private Finance Initiative)을 도입하여 공공사업 부문에 대한 민간투자를 활성화시키는데 성공하였다. 이후 영국의 성공 사례가 확산되어 일본에서도 관련법 개정을 통해 민자발전사업(IPP: Independent Power Producer) 방식의 도입이 가능해졌으며, 공공재 사업에 대한 민·관협력(PPP: Public Private Partnership)의 기초가 되었다. 최근에는 일본, 스웨덴, 호주, 이탈리아 등 선진국들도 PFI법의 제정을 통하여 노후화된 사회기반시설 교체나 정부의 신규 발주 사업을 프로젝트 파이낸스 방식으로 추진하고 있다.

〈표 10-1〉 국내외 해저터널사업 재원조달 체계

■ 운영 중인 해저터널

구분	주요내용
영불 해저터널 (영국 도버와 프랑스 칼레 연결 노선)	· 총연장: 50.45km(해저구간 38.0km) · 총투자비: 105억 파운드 · 건설기간: 1988~1994(6년) · 순수한 민간재원(주식공모 발행(20%) + 209개 은행 대출(80%))만을 활용하여 건설 · 당시 12~15년을 운행하면 투자비용 전액을 회수할 수 있을 것으로 예상 · 착공시점부터 65년(당초 55년에서 변경) 후인 2052년에 양국 정부에게 소유권을 넘겨주게 되어 있음(BOT 방식) · 건설 후 수익원: 셔틀 요금(50%), 양국 국철회사가 지불하는 철로 사용 및 통행료(41%), 기내 식음료 및 면세품 판매와 케이블 사용료(9%) · 위험 완화 방법: 영국과 프랑스의 국철회사인 BR, SNCF와 각각 구매보증계약 체결. 유로터널 가동 후 초기 12년 동안 추정된 수요량의 60%에 상당하는 사용료를 지급. 2020년까지 영불 정부는 유로터널과 경쟁이 될 수 있는 기타 운송시설을 일체 건설하지 않을 것을 약속
일본 세이칸 해협터널	· 총연장: 53.86km(해저구간 23.30km) · 총투자비: 6,890억 엔 · 건설기간: 1971~1988(17년) · 사업주체: 일본철도건설공단으로 국가가 건설 · 운영: 일본 국철에서 담당 · 막대한 유지보수비로 적자 운영 중
덴마크-스웨덴 외레순 다리	· 총연장: 15.4km(해저구간 4.05km) · 총투자비: 30억 DKK · 건설기간: 1991~2000(9년) · 운영: 덴마크와 스웨덴이 공동으로 소유하고 있는 Øresund Konsortiet가 소유, 운영

■ 운영 중인 해저터널

구분		주요내용
홍콩 하버터널	크로스 하버터널	· 총연장: 1.9km · 총투자비: 3.2억 홍콩달러 · 건설기간: 1969~1971(3년) · 민간자본 유치 · 개인 기업에 의해 건설, 홍콩 정부는 주주로 참여 · 무상사용기간: 건설기간 포함 30년 · 1999년 7월 31일 독점 사용권 만료되어 정부로 이양
	이스턴 하버터널	· 총연장: 2.2km · 총투자비: 34억 홍콩달러 · 건설기간: 1986~1989(4년) · 100% 민간자본 유치(BOT 방식) · 무상사용기간: 건설기간 포함 30년 · 터널수입: 91% 통행료, 9% 광고료
	TCT (Tate's Cairn Tunnel)	· 총연장: 3.945km · 총투자비: 21.5억 홍콩달러 · 건설기간:1989~1998(10년) · 민간자본 유치(BOT 방식). Gammon 건설회사와 Nishimatsu 건설회사의 합자회사가 Tate's Cairn Tunnel SPC 설립. (홍콩 정부는 SPC의 지분은 보유하지 않지만, 이사회에 두 명의 이사를 임명할 수 있는 권한을 보유함) · 무상사용기간: 건설기간 포함 30년, 2018년 홍콩 정부에 반환 예정 · 자본금: 6억, 타인자본 15.5억 홍콩달러 　- CI 출자지분: 47% · 운영 첫 5년은 수입의 2.5%, 나머지 기간 동안은 5%를 정부에 지급
	웨스턴 하버터널	· 총연장: 2km(해저구간 1.363km) · 총투자비: 70억 홍콩달러 · 건설기간: 1993~1997(5년) · 1997년 4월 완공 · 민간자본유치(BOT 방식) · 무상사용기간: 건설기간 포함 30년 · 중국신탁(CTTIC) 35% 지분 소유

■ 건설 및 계획 중인 해저터널

구분	주요내용
터키 이스탄불 ~보스포러스 해협 터널	· 총연장: 14.6km(해저구간 5.4km) · 총투자비: 10억 달러 · 건설기간: 2010~2014(55개월) · SK건설, 극동건설, 남광토건, 한신공영, 삼환기업 등 국내건설업체와 터키 업체인 야피메르케지와 컨소시엄을 구성해 공사 수주 · BOT 방식 · 유지보수 및 운영은 25년 11개월
지브롤터 터널 (유럽대륙과 아프리카 대륙 연결)	· 총연장: 42.7km(해저구간 27.7km) · 총투자비: 300억 유로 · 건설기간: 15년 예상(2010~2025) · 보조터널 굴착까지는 스페인과 모로코 정부가 담당 · 본 터널 굴착부터 민간에 이양 · 양국 정부 보증 아래 국제 금융기관으로부터 차입하는 방식을 이용할 예정
베링해협 해저터널 (러시아와 알래스카 연결)	· 총연장: 102km · 총투자비: 400억 달러 · 건설기간: 10~15년 예상 · 공사는 러시아의 50여개 기관의 공동연구로 진행. 러시아 정부는 미국과 캐나다 정부에 공사계획을 공식으로 제출 · 국가기관과 민간기업이 협력한 TKM-World Link가 건설하고 관리할 것임
거가대교 (부산~거제 간 연결도로) 민간투자사업 (건설 중)	· 총연장: 8.2km(해저구간 3.7km) · 총투자비: 1조 4,469억 원(재정 4,473억원, 민자 9,996억 원) · 건설기간: 2004~2010(6년) · 해저 침매터널(가덕도~대죽도) 시공 중 · 공사 6년, 운영 40년 · BTO 민간투자사업으로 시행

2) 유로터널 재원조달 사례

국가 간의 초대형 인프라시설이 100% 민간자본으로 추진된 대표적인 해저터널 사업인 영불 해저터널의 재원조달을 위한 세부적인 내용은 다음과 같다.

(1) 사업의 개관

민자유치사업의 성격상 투자 주주의 수익성을 최대한 보장하기 위해 최소 자본비용과 최소 초과비용, 최소 운영비용, 최대의 통과수입, 그리고 최단 공사기간을 확보할 수 있는 공법이 검토되었다. 이에 따라 양 차로를 가진 1개의 큰 터널을 뚫는 것보다 2개의 직경 7.6미터의 단선 철도터널과 1개의 서비스 터널을 건설하기로 합의하였다. 유로터널(Eurotunnel)주식회사가 사업 주체로 발족되어 55년 동안 운영권을 갖기로 합의하였고, 영국, 프랑스의 양국 정부는 터널의 경제성을 보장하기 위해 터널 접속도로 등 필요한 사회간접시설을 제공하기로 합의하였다. 1988년 8월에 공사계약을 체결한 이후 1993년까지 토목 및 운행 등 제반 설비공사가 완료되어 시험 기간을 거친 후 1994년 6월부터 열차가 운행 중이다.

(2) 건설사업의 추진 및 관리

1988년 초 이래 운영되고 있는 건설사업의 관리 주체는 다음과 같다.

정부간위원회(Intergovernmental Commission) 영국, 프랑스 양국 정부의 대표자로 구성된 합동기관으로, 터널의 건설 및 운영에 관한 전반적인 감독 책임을 맡고 있다. 자문기구로 Safety Authority(SA)와 지도자(Maitre d'Oeuvre: MdO)가 있다.

Eurotunnel(ET) 양국 정부에 의해 55년(이후 65년으로 변경) 동안의 양허권이 주어진 해저터널의 소유자 및 운영자로서 자금을 지원한 은행단이 75%, 일반 투자자들이 25%의 주식을 갖고 있다.

〈그림 10-1〉 영불 해저터널 민간사업 추진체계 구조도

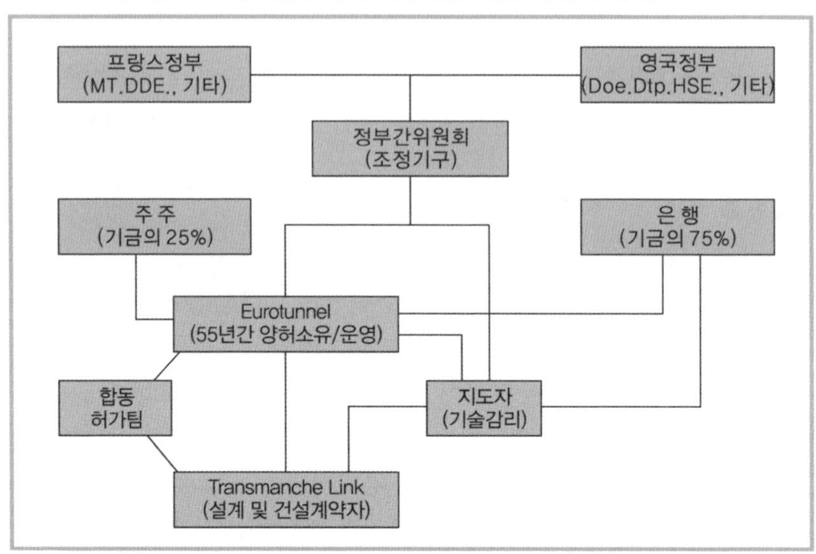

프로젝트 이행국(Project Implementation Division: PID) 터널 건설 공사의 시작 단계에서 자금조달, 사업 발주 시까지의 모든 업무를 추진했던 핵심기구로, WS Atkins, Setec, Bechtel 등 다국적 건설회사의 직원과 Eurotunnel의 직원으로 구성된다.

Iransmanchelink(TML) Eurotunnel의 발주에 의해 설계, 토목 공사, 시험, 하청 등 건설사업의 모든 공정을 책임지고 있는 터널 건설사업의 주체로 영국-프랑스 양국의 건설회사 각 5개사로 구성된 2개의 컨소시엄에 의해 시행되고 있다.

채널터널그룹(CTC) 1984 Belfour Beatty, Costain Tarmac, Taylor Woodrow, Wimpey 등 5개의 건설회사와 National Westminster Midland 등 2개 은행으로 구성된 영국측 컨소시엄이다.

Francemanche SA(FM) Bouygues SA, Dumez SA. Societe Auxiliaire d'Entreprises, Societe Generale d'Entreprises SA, Spie Batignolles SA의 5개 건설회사와 Banque Indosuez, Banque Nationale de Paris Credit Lyonnaise의 3개 은행으로 구성된 프랑스 측 컨소시엄이다.

지도자(Maitre d'Oeuvre: MdO) 영국, 프랑스, 벨기에 3국의 전문컨설턴트로 구성된 독립적인 기술관련 감사기구로서 투자은행과 정부 간 위원회에 감사결과를 보고할 책임이 있고, 기타 건설 관련 사안에 대해 해당 기관에 조언할 수 있다.

합동허가팀(Joint Consents Team) ET와 MdO가 참여하는 기구로 해저터널 건설에 연관된 양국 지방정부와의 제반 협의사항을 전담하고 있다.

이상 영불 해저터널 건설사업 관련 기관들의 상호 관계는 〈그림 10-1〉과 같다.

(3) 자금조달

프로젝트에 필요한 자금은 3단계에 걸쳐 조달되었다. 1단계는 1985년 10월에 31개 은행이 신용협정에 가조인한 것이다. 그러나 실질적으로는 터널공사의 허가가 확정된 이후 1986년 9월 현재의 TML을 구성하고 있는 10개의 건설회사와 5개의 은행이 4,700만 파운드를 투자하였다. 2단계는 1986년 9월에 40개 은행이 2억 600만 파운드 규모의 2차 자금조달계획의 자금대출 협정에 조인한 것이었다. 그러나 영국의 총선 등 정치적 영향으로 새로운 재무담당자에 의해 1987년 중 모든 재원조달계약이 재협상되어야 했다. 즉 50개 은행(이 중 37개가 일본계 은행으로 전체 신용협정액수의 23%에 해당)이 참여하는 50억 파운드의 신용협정, 10억 파운드의 유럽 투자은행과의 신용협정, 50억 파운드 상당의 대출 신디케이션 일체를 재협상하였다. 이후 1990년에 20억 파운드가 추가로 대출되었다. 3단계는 1987년 말에 7억 7,000만 파운드를 자본시장에서 직접 조달하였다. 1992년 현재 3단계에 투자한 일반 투자자들은 주가 인상으로 상당한 이익을 실현하였다. 또한 Eurotunnel은 2000년까지 매년 10억 파운드의 수입을 올릴 것으로 예상하였으나, 이자 지급액이 연간 6억 파운드에 이르고 화물 열차의 수익이 당초 예상을 밑돌아 경영이 악화되어, 상당한 재정압박요인으로 작용하였다.

(4) 영불 해저터널의 재조직화

영불 해저터널 개통 이후 경영상태가 악화 일로에 있었다는 것은 이미 알려진 사실이다. 이에 따라 1996년 10월 7일에 영불 해저터널의 경영자와 주요 은행들은 91억 파운드에 달하는 채무로 인해 회사가 파산하는 것을 막기 위한 재조직화(리스트럭처링) 방안을 발표하였다(The Economist, 1996. 10. 12). 그 방안은 10억 파운드의 대출을 은행이 직접 주식으로 전환하는 것과 또 다른 22억 파운드의 대출을 전환사채로 전환하는 것 등을 내용으로 하고 있는데, 이렇게 하고도 약 55억 파운드의 채무가 남아 연율 6.25%의 이자를 2003년까지 지불해야 했다. 이 재조직화(리스트럭처링)가 이루어지고 나면, 유로터널의 자본구성 중 주식의 비율이 절반을 약간 넘게 되는 것이었다. 이에 도버해협 교통수요 가운데 해저터널 이용의 전망이 그리 좋지 않은 상태에서 일부 주주들은 경영진의 방안을 거부하고 회사의 법정관리를 주장하기도 하였다. 또한 프랑스 정부는 양허기간을 최소 99년까지로 연장하자는 생각을 갖고 있는 반면, 영국 정부는 국가 개입을 반대하는 등 유로터널을 둘러싼 상황은 유동적이었다. 하지만 결국 이 방안은 1997년 7월과 9월 각각 주주총회와 대주은행단의 의결로써 확정되었다. 이러한 재무적인 측면 외에 설상가상으로 1996년 12월에는 터널 내부에서 차량 화재사고가 발생하여 승객과 화물량이 격감하는 사태를 맞이하기도 했었다. 그러나 사업시행 주체로서 건설부터 현재까지 운영관리를 하고 있는 유로터널그룹(영국과 프랑스의 유로터널 합작법인)의 구조 조정 이후 2007년도의 운영 상황은 원리금을 갚기에 충분한 수준은 아니지만, 운영 수익을 내는 수준으로 개선되고 있으며, 수익 개념과는 별도의 문제로 제2의 영불해저터널 건설 계획도 논의되고 있는 것으로 알려지고 있다.

2. 한중 해저터널 사업의 자금조달 방법

대규모 프로젝트의 자금조달은 여러 프로젝트 참가자들이 다양한 형태로 위험을 분담해야 하기 때문에 모든 당사자들이 선의로써 프로젝트 위험을 공유하려고 노력할 때 성공 확률이 높다고 볼 수 있다. 프로젝트 파이낸스의 자금조달은 먼저 프로젝트의 사업주가 출자금의 참여 규모, 형태 및 시기 등 자기자본 조달 관련 사항을 결정하게 된다. 사업주는 출자금뿐만 아니라 후순위채무 형태로 프로젝트 회사에 자금을 공급하기도 한다. 외부자금은 프로젝트 참가자들과 일반 금융시장에서 통상 사업주가 출자한 금액보다 많은 자금을 조달하게 된다. 외부 자금조달 가능성은 사업의 효율적 운영 뿐 아니라 사업 시작의 전제 조건이기도 하기 때문에, 프로젝트의 구조나 금융조건이 금융기관이 받아들일 수 있는 것이어야 한다. 금융기관은 기관별로 금융 제공의 목적이나 목표 수익의 수준 및 수용할 수 있는 위험이 서로 다르므로, 사업주는 이러한 사실에 대한 충분한 정보를 입수한 후 접촉하여야 한다. 최근 국제 금융시장에서 금융상품 및 기법의 급속한 발전은 프로젝트의 다양하고 거대한 자금 수요에 적절하게 부응할 수 있게 하고 있다.

사업자금 조달의 큰 골격은 사업주로부터 조달하는 출자금(초기 출자금, 유상증자)과 주주 후순위대출금, 타인으로부터 조달하는 차입금(기업금융 방식의 차입금, 프로젝트금융 방식의 차입금, 후순위상환 방식의 차입금), 채권 발행을 통해 조달하는 방식(일반 회사채 발행, 전환사채 발행, 신주인수권부사채 발행, 후순위채권의 발행), 보유자산의 매각(보유 유가증권의 매각, 유형자산의 매각), 현재 및 미래채권의 유동화, 정부로부터의 차입금, 마지막으로 정부로부터의 보조금(무상 재정지원금)으로 이루어진다. 본 글에서는 위 방안들에 대한 상세 설명과 사례는 생략하고 재원조달 방안의 개념을 이해하는 수준에서 서술하였다.

1) 프로젝트 사업주로부터 조달

(1) 출자금

① 출자금의 규모 및 부채와의 비율

프로젝트에 대한 출자금은 소위 위험 자본으로서 창업 시, 건설기간 중 또는 개발 초기단계 등 리스크가 높은 시기에 주로 사용된다. 회사 청산 시 상환 순위가 가장 후순위인 출자금은 대출은행이나 다른 자금 참여자에게 담보와 유사한 것으로 간주된다. 출자금은 또한 사업주가 여건이 불리한 경우, 쉽사리 프로젝트를 포기하지 못하게 하는 안전판의 역할도 하기 때문에 대주는 전체 소요자금 중 가능한 한 출자금의 비중이 높기를 희망한다. 반면 출자자의 입장에서는 출자금의 비중이 낮을수록 레버리지 효과가 크고 자기자본수익률이 높아지기 때문에 최소한의 자금만을 출자하려 한다.

따라서 출자금의 규모 및 부채와의 비율은 사업주와 대출은행 사이에 협상으로 결정될 중요한 요소 중 하나이다. 프로젝트 자본구조는 일반적인 기업금융에 비해 보다 높은 부채비율이 허용될 수 있다는 프로젝트 파이낸스의 특성이 고려된다. 통상 관련 산업계의 자본금 비율을 참고로 하지만, 외부의 자금공여자들에게 신용위험을 보전해 주기에 충분한 수준에서 결정된다.

일반적으로 프로젝트 파이낸스는 담보가 취약하고 출자자에 대한 상환청구권이 제한적이므로 출자자의 계속적 사업추진 의지의 표시 및 운영기간 중 원리금 상환 부담에 따른 초기 사업성 악화를 방지하기 위하여 총사업비의 20~40% 정도를 자기자본으로 충당하고 이를 선투입하도록 요구하는 것이 일반적이다. 전체 소요자금에 대한 출자금의 비율 20~40% 정도는 그리 높은 수준은 아닌 것으로 간주된다. 또한 자기자본/부채 비율 계산 시에는 사업주가 제공한 후순위대출의 일정비율을 자기자본으로 간주하여 계산하게 된다.

② 출자자 종류

출자금은 다음과 같이 프로젝트 사업주나 프로젝트에 직·간접적으로 이해관계를 갖고 있는 투자자와 순수한 투자수익을 목적으로 하는 일반 투자자로부터 조달된다. 프로젝트 회사의 법률적 형태의 선택도 출자자의 참가와 프로젝트의 경제성 제고 측면에서 이루어져야 한다. 출자자 종류에는 사업주(민간, 정부 및 공공기관 포함), 건설회사, 운영회사, 국제개발금융기구, 일반투자자(공모·사모 주식발행, 사회간접자본 펀드)가 있으며, 통상 국제개발금융기구는 지분 출자를 하더라도 프로젝트 회사의 경영에는 직접 참여하지 않는 것을 원칙으로 한다. 국제개발금융기구의 자본 참여나 여신기반 상업금융의 참가를 유인하는 촉매 기능을 하게 된다

(2) 후순위대출

프로젝트 소요자금을 사업주의 후순위대출 형식으로 조달할 수 있다. 이 후순위대출은 사업주의 입장에서는 자본금의 출자보다 가볍고 지원 조건 면에서 융통성이 큰 장점이 있다. 또 사업주가 출자금 규모를 줄여 재무 레버리지 효과를 높일 수 있으며, 출자금보다 자금 회수 및 고정이자 수취 등에서 이점이 있다. 반면 프로젝트의 재무 구조가 복잡해지고 재무위험이 증가된다는 단점이 있으며, 금융기관의 입장에서는 후순위대출은 일반 대출금보다 후순위이므로 담보력이 증대된다는 이점이 있다. 후순위대출과 같이 차입금과 자본금의 양자의 특성을 지닌 자금을 준자본금 또는 중간자본금이라고 한다. 후순위대출은 통상 사업주가 제공하지만 경우에 따라서는 대출은행이나 특별기금이 지원하는 경우도 있다.

2) 국제 개발금융기구의 여신

국제 개발금융기구는 개발도상국의 경제 개발에 필요한 자금을 지원하고 있으므로, 사업주는 개발도상국에서 추진하는 프로젝트에 대한 자금지원을 받을 수 있다. 프로젝트 파이낸스를 지원하는 국제 개발금융기구로는 세계은행, 국제금융공사, 세계투자보증기구, 아시아개발은행, 유럽부흥개발은행 등이 있다. 개발도상국에서 수행되는 많은 프로젝트들은 국제 개발금융기구와 상업은행들에 의해 공동으로 자금이 지원된다. 프로젝트 사업주들에게 있어

세계은행이나 국제금융공사의 사업 참여는 현지국에서 사업을 수행하는 동안 야기될 수 있는 정치적 위험들을 경감시켜 주는 수단이다. 국제 개발금융기구는 지분출자, 대출, 보증의 형식으로 지원하며, 단독 또는 국제 상업금융기관 등과 협조융자 방식으로 지원한다. 세계은행의 보조를 받는 공공부문 프로젝트에 있어 금융지원은 정책적 저금리 수준으로 지원될 수 있다.

만약, 대출이 정부를 대상으로 하지 않는다면 세계은행은 언제나 현지 정부의 보증을 요구한다. 반면 국제금융공사는 민간부문에 대출을 하며 정부의 보증을 요구하지 않고 대출이율 등 금리도 정책적 저금리 수준이 아니다. 국제금융공사에 의해 자금 지원되는 프로젝트들은 세계은행이나 국제통화기금에 의해 감독되는 경제구조 조정 정책과 조화하여 외화 가득 능력을 향상시킴으로써 현지국의 경제에 도움을 준다. 차주들은 현지국의 기업체들이나 만약 현지법이 허용한다면 이들 기업체들은 100% 외국자본으로 설립될 수도 있다. 이들은 특정 프로젝트에 대규모 자금을 지원하지는 않으나, 상업금융기관으로부터의 대규모 지원을 유발하는 촉매 역할을 담당한다. 이들이 지원을 시작하면 현지 정부와의 협조적 태도 및 개발금융기관으로서의 신뢰성 있는 사업성 검토 등으로 프로젝트의 정치적 위험이 경감되고, 신인도가 높아지게 된다. 이들은 또 소재국의 환경문제, 고용창출, 기술 이전 등에 대해서도 큰 관심을 갖고 있으므로, 프로젝트의 성격 및 위험에 큰 영향을 미칠 수 있다. 그러나 이들의 지원 절차는 매우 복잡하고 요구사항이 많아 시간이 많이 소요될 뿐만 아니라, 국제금융공사 등의 상업 베이스의 지원은 조달비용도 저렴하지 않은 편이다.

3) 프로젝트 채권 발행

국내 민간투자사업 시행자도 국내 자본시장에서 일반 회사채를 발행하여 자금을 조달할 수 있지만 프로젝트 회사는 대개 신설 법인이므로 공모 방식의 일반 회사채 발행에 어려움이 많다. 민간투자법에서는 민간투자사업 시행자가 사회기반시설의 원활한 건설을 위해 사회간접자본채권이라는 프로젝트 채권을 발행할 수 있도록 하고 있다. 1999년 인천국제공항 열병합 발전소에 대한 1,000억 원의 SOC 채권 발행 이후, 국내 자본시장의 활성화에 따라 대형 프로젝트에 적합한 자금조달원이 되고 있다. 프로젝트 채권의 주요 투자기관으로는 연·기금, 보험회사 특히 생명보험회사, 농협과 은행이 있으며, 개인투자자도 참여하고 있다.

지금까지 발행된 프로젝트 채권의 구조를 보면 무보증 공모사채 형태로 발행되었으며, 사모사채에 의한 채권 발행도 가능하나 아직까지 발행된 사례는 없었다. 무보증 공모사채의 경우 2개 이상의 평가기관으로부터 신용등급을 획득해야 하며, 10년 이상의 장기채권 발행의 경우 소화를 용이하게 하고 유리한 가격을 얻기 위하여 AA 이상의 신용등급이 필요하다. 신용등급 유지를 위해서는 추가적인 채권보전수단이 필요한 경우도 있으며, 채권보유자의 위험 헤지를 위하여 에스크로우 계정의 설정 등이 요구되는데, 이러한 요구로 프로젝트 회사에 대한 과도한 경영 규제 우려가 상존하게 된다.

4) 외화자금 차입

외화자금 차입은 국내 사업시행자가 국제 금융시장이나 외국채 시장에서 자금을 조달하는 것으로 국제대출이나 국제채 발행 구조에 따른 프로젝트 파이낸스 성격이 추가된 것이라고 볼 수 있다. 외환위기 이후 우리나라는 각종 금융규제의 철폐와 기업의 구조조정으로 국가 신용도가 상당 부분 회복되었다. 또한, 그간 국제 프로젝트 파이낸스의 주요 투자 대상이었던 동남아 및 동유럽 시장이 실적이 부진함에 따라 외국 금융기관들은 그 대안으로 한국 시장에 관심을 돌려 참여를 확대하는 추세를 보이고 있다. 이러한 참여 확대 추세는 1998년 민간투자법으로 개정에 따른 실시협약의 국제화, 환율 변동 및 운영수입에 대한 정부 보장 등에 힘입은 바가 크다.

5) 국제채 발행에 의한 조달

우선 여러 가지 형태의 국제채는 발행통화, 금액, 시기 조정 등을 통하여 프로젝트 실행에 적합한 자금을 선택할 수 있는 유효한 자금조달 방법이다.

국제채란 내국채에 상대되는 개념으로서 기채자가 자기 나라 이외의 지역에서 외국통화 표시로 주로 국외 투자가를 대상으로 발행하는 채권이며, 이는 다시 외국채와 유로채로 구분된다. 국제채는 1980년대 중반 이래 국제금융시장의 증권화 현상 등의 영향으로 가장 비중이 높은 자금조달 수단이 되어 왔다. 외국채란 비거주자가 발행하는 채권으로서 발행지국의 통화로 표시되며, 발행지국의 금융기관으로 구성되는 인수단에 의하여 인수되어 해당국의 내국채와 유사한 방법으로 판매되는 채권을 말한다.

주요 외국채 발행시장으로는 뉴욕의 양키채 시장, 일본의 사무라이채 시장, 런던의 불독채 시장 등을 들 수 있다. 유로채는 표시 통화국 이외의 지역에서 발행, 국제적인 인수단에 의하여 인수되어 각국의 투자가에게 판매되는 채권을 의미하며, 유로채는 익명의 소지인식으로 발행되며 원천세 징수를 포함한 제 세금이 면제되는 특징이 있다. 유로채의 표시통화로는 US $가 60% 이상의 가장 높은 비중을 차지하고 있으며, 이밖에는 Yen, Euro 등도 비교적 많이 사용되고 있다.

3. 한중 해저터널 사업의 재원확보 방안

1) 재원 확보 대안

재원조달에서 가장 중요한 것은 조달의 가능성 여부를 판단하는 일이라고 볼 수 있다. 한중 해저터널은 117.8조 원 투자 규모의 거대한 사업임에 따라 국내 차원의 재원조달과 해외차원의 재원조달로 구분하여 살펴보고자 한다. 또한 조달 주체로는 정부 조달과 민간 조달로 구분하여 볼 수 있다. 본 프로젝트가 대규모 사업인 만큼 한 가지 방법에 의한 재원조달이 아닌 다양한 방법의 재원조달 방안을 알아보고 이를 적절히 혼합하여 성공적으로 재원을 확보할 수 있는 방안을 강구해야 한다.

(1) 정부기금 활용 방안

한중 해저터널에 대한 정부 출연금을 증대시켜 정부 재원을 적극 활용할 수 있도록 한다. 또한 정부의 재정투융자 및 교통시설특별회계 일부분을 한중 해저터널 사업으로 사용하는 방안도 강구해 볼 수 있다.

(2) 국공채 발행

국공채 매출의 원활화를 위해 국공채 시장의 활성화와 함께 매입자에 대해 실질적인 혜택이 돌아갈 수 있도록 해야 한다. 점진적인 국공채 시장 개방, 이자 현실화 등과 같은 조치를 통해 국공채 시장을 활성화해 나가도록 하는 동시에 국공채 매입자는 조세 감면 등의 혜택을 부여할 수 있도록 하는 방법을 강구해 볼 수 있다.

(3) 해외 차관

해외 자본도입은 재원조달의 다양화 및 대규모 자금유치를 할 수 있는 방법인 동시에 국민 경제의 직접적 부담을 줄일 수 있는 방안의 하나라고 볼 수 있다. 그러나 정부의 외채 보유고 현황을 고려해야 하는 한계가 있어 제한적인 범위 내에서만 사용 가능할 것으로 판단된다.

(4) 한중 민간기업 컨소시엄 구성

유로터널의 준공은 토목기술의 개가를 넘어, 국가간 대형 인프라 사업을 양국 간의 민간업체가 주도했다는데 더 큰 의의가 있다. 비록 한중 해저터널과 유로터널은 규모 면에서 차이가 있을지라도 최근 중국 정부의 성장과 기업들의 성장을 볼 때 가능하리라고 판단된다. 대신 민간 기업이 컨소시엄을 구성하여 시행하는 사업이므로 일정 수익을 보장할 수 있는 방안을 국가적인 측면에서 지원해 주어야 할 것이다.

(5) 민·관 공동 컨소시엄 구성

유로터널이 재정적 어려움을 겪고 있지만, 최근 이 터널의 수입은 유지관리 비용보다 많은 편이다. 다만 민간업자들이 100% 참여하다 보니 선박과 비행기 업체들이 요금을 경쟁적으로 낮추면서 원금 회수가 어렵고, 이자비용을 감당하지 못하고 있다. 이러한 부분을 보고 판단할 때 한중 해저터널 사업이 나아갈 방향은 한국과 중국 정부에서도 일정 부분 출자를 하여 사업 주체로 참여하며, 민간사업자에게 부대 및 부속 수익사업을 적절히 부여하고, 재정지원을 통해 일정 사업수익률 수준을 제공하면 재원조달이 가능하리라고 보여진다. 또한 여기에 자금이 비교적 유리한 조건으로 조달된다면 재정문제는 많이 완화될 수 있을 것이라고 판단된다.

(6) 국제기업 컨소시엄 구성

사업성이 입증될 시 한국과 중국뿐만이 아니라 미국, 유럽, 아시아 등 세계 여러 나라들과 협의하여 재원을 조달하는 방안도 강구해 보아야 할 것이다.

2) 한중 해저터널 사업의 재원조달 방안

한중 해저터널은 경제적 파급효과와 한국과 중국 양 국가의 공익적 성격이 강하고, 본 사업의 규모 및 사업기간을 고려해 볼 때 국내에 건설되었던 대규모 사회기반시설의 규모와는 현격한 차이가 있기 때문에 민간사업자나 정부 중에서 어느 하나의 기관이 본 사업의 재원조달을 모두 책임지기에는 여의치 않은 실정이다. 따라서 사업의 안정성을 유지함과 동시에 최적의 구조로 재원조달을 하기 위해서는 우선, 한국과 중국 정부 간에 본 시설에 대한 효과를 고려하여 사업비 분담 비율을 결정하고 우리나라의 부담분을 확정한 후, 정부와 민간사업자가 하나의 컨소시엄이 되어 공동으로 사업을 추진해야 한다고 판단된다.

본 사업의 사업비는 자기자본, 타인자본, 건설보조금의 3가지 방법으로 구분하여 조달하는 방법을 생각해 볼 수 있다. 본 사업에 민간사업자(건설사와 설계사, 운영사 등을 포함한 전략적 투자자, 재무적 투자자)들을 참여시키기 위해서는 민간사업자의 사업 목적이 이윤 추구인 만큼 일정 수준 이상의 수익률 보장이 선행되어야 한다. 따라서 건설보조금을 지원하여 일정 수익률이 발생할 수 있도록 함에 따라 민간사업자의 참여를 유도하는 것이 중요하다.

건설보조금으로 투입된 금액 이외의 부분은 자기자본과 타인자본으로 조달해야 할 것이다. 자기자본을 조달하는데 있어 본 사업이 국가와 국가 간의 공익적인 측면이 있을 뿐 아니라 사업의 안정적인 측면을 위해서도 정부가 일정 부분 출자하는 방안을 모색할 수 있으며, 이러한 사항은 본 사업의 민간사업자들에게 사업의 참여를 유도할 것으로 본다. 또한 유로터널의 경우와 같이 사업초기에 운영과 관련된 비용이 운영수입의 3배에 달하여, 실제 손실이 지속되어 운영 위험이 가중되고 있는 상황에서 본 사업에 자기자본 출자 및 타인자본 참여에 있어 민간업체들의 참여를 유도하기 위해서는 본 사업의 시점 및 종점, 공해상에 해양 도시를 건설하여 카지노와 컨벤션 등의 여러 아이템을 부대사업으로 구상함으로써 여가 공간으로의 활용 및 관광객의 유치 등을 추진하는 방안을 적극 검토해야 할 것이다.

타인자본 조달 부분에 있어서는 규모가 크고 장기적인 사업인 만큼 다양한 조달처를 확보하는 것이 관건이라 할 수 있다. 국내·외 금융기관을 확보하는 것은 물론 국제개발기구의 여신 활용 및 대규모 펀드(인프라펀드 및 사모펀드)를 조성하여 타인자본에 투입하는 방안도 고려해 보아야 할 것이다.

4. 한중 해저터널 사업의 리스크 분석

한중 해저터널은 373km라는 세계 최장의 해저터널 건설이라는 상징성과 함께 한국과 중국 양 국가의 사회기반시설이 될 것인데, 본 사업을 성공적으로 추진하기 위해서는 소요 재원의 조달이 매우 중요한 부분이 될 것이다. 해저터널 추진을 위해서는 오랜 시간 동안의 조사와 연구 및 양국 간의 긴밀한 협조가 필요하므로 실제 본 시설의 착공 전까지의 기간 동안 소요 예상되는 자금에 대해 예산(또는 기금) 확보 방안이 선결되어야 할 것으로 보여진다. 세부적으로는 정부 차원에서 전문적인 기관 또는 기구의 설치 및 민간과의 협의체 구성 등을 통해 안정적인 연구 조사가 가능하도록 추진하여야 할 것이다. 또한, 세부적인 물동량 예측과 사업비 산정, 경제적 효과 등의 사항을 면밀히 검토하여 각 추진 단계별로 정부 또는 민간이 담당할 부분에 대한 타당성 검토를 수행하여야 할 것이다. 건설 및 운영 전기간 안정적인 사업 추진이 가능한 구조 설정 및 정부의 부담을 최소화하면서 공공의 편익을 극대화 할 수 있는 민간 부담분을 결정해야 할 것이다. 한중 해저터널 사업을 위한 재원조달방안은 타당성 분석 결과를 근거로 사업의 리스크를 분석한 후 상기의 재원확보 대안과 같이 공공자금, 민간자금, 국내자본, 국제자본 등을 적절히 조합하여 본 사업의 지분 투자 및 타인자본 조달이 이루어져야 할 것으로 판단된다.

1) 한중 해저터널 사업의 리스크 분석

일반적으로 프로젝트의 추진은 사업계획안의 발굴, 프로젝트의 기획, 프로젝트의 사업성 평가, 기본설계, 실시설계, 건설, 시운전, 운영의 순으로 진행된다. 이 중 기본설계부터 건설까지를 건설 단계로 포괄할 수 있으며 프로젝트 위험이 본격적으로 발생한다고 볼 수 있다. 이후 프로젝트의 진행에 따라 시운전 단계 및 운영 단계별로 위험의 내용 및 정도가 달라질 수 있다.

(1) 설계 및 건설 단계

① 재원조달 위험

본 사업은 건설기간 15년 및 총사업비 약 120조 원으로 자본금 20% 가정 시 출자금의 규모가 24조 원으로 자본금 납입 기간 중 일부 출자자의 부도 위험 등으로 인한 미납입 위험 등 자본금의 적기 납입과 관련된 위험이 있을 수 있다. 이러한 위험에 대비하여 프로젝트에 참여하는 각각의 출자자가 자기자본 및 차입금을 조달할 능력을 보유하고 있는지 여부를 검토하고 파악해야 한다. 또한 출자자 약정을 통해 자본금 납입에 대한 미 이행 출자자에 대해 타출자자의 추가 출자 등의 방식으로 관련 위험을 경감시켜야 할 것이다.

② 건설보조금 지급지연과 관련된 위험

본 사업에 있어 정부의 건설보조금 지급은 필연적이라 보여지나, 공정률에 따라 건설보조금을 지급한다 할지라도 그 금액에 있어서 부담이 적지 않다. 건설보조금이 지급기한 내에 지급되지 아니하여 발생할 수 있는 지연이자의 지급 등 정부의 부담이 가중될 수 있는 바 건설보조금 투입에 대한 예산계획을 세워야 한다.

③ 사업비 초과 위험

본 사업과 같이 장기에 걸친 건설기간과 대규모 자금의 투입을 요하는 사업의 경우 가장 빈번히 발생될 수 있는 위험으로 완공 시 정산된 실제 사업비가 계획되어진 사업비를 초과하는 경우이다. 유로터널의 경우를 살펴보면 1985년 사업 제안 시에 제시된 공사비용 4,740백만 파운드에서 실제 투입된 공사비용은 2004년 기준으로 9,456백만 파운드로 2배에 달하는 비용이 투입되었다. 이러한 공사비 초과 원인은 인플레이션, 부정확한 공사 설계 및 건설기간중의 운영비 과소 책정 등을 들 수 있다. 이러한 위험은 시설의 건설기간이 길면 길수록, 소요자금의 규모가 크면 클수록 증가하게 됨에 따라 본 사업의 경우 사업비 초과 위험에 크게 노출되어 있다고 볼 수 있다. 이러한 위험은 실시협약에 귀책사유별 부담 주체를 명시하고, 건설사와의 확정가격부 공사도급계약 체결 및 예비재원조달 등을 통해 관련 위험을 분산 및 경감시킬 수 있다.

④ 공사완공 지연 위험

완공 지연 가능성은 당초 예정된 공기 내에 공사를 완료하지 못하게 됨에 따라 건설기간 중 이자의 증가 및 기대 현금 유입의 지연 등으로 재무계획상의 불균형을 초래할 위험이다. 건설공사보험, 사용자배상책임보험, 예정이

익상실보험 등의 가입을 통해 일반적인 공사완공 지연에 따른 추가비용 및 예정이익 상실을 담보함으로써 위험을 회피할 수 있다.

⑤ 기타 위험

일반적으로 건설기간 중의 불가항력 위험들은 주로 사업자가 기 체결한 건설공사 보험으로 담보되는데, 전쟁, 사변, 내전, 테러, 환전 및 해외송금 금지, 민간투자사업에 영향을 미치는 법령의 개정 등은 담보되지 않고 지진, 홍수, 해일, 태풍, 화산 폭발, 산사태 등으로 인한 위험을 담보하고 있는 것이 일반적이다. 본 사업의 경우 한국과 중국 양 국가 간의 시설이므로 위험은 더 많이 상존해 있다고 볼 수 있으며 이에 대한 위험 경감 방안으로 주요 위험에 대비 가능한 보험상품 개발 및 가입이 필요하다

(2) 운영 단계

① 시장 위험

본 사업에 있어 시장 위험은 물동량과 관련된 수요 위험과 사용료 인상과 관련된 위험으로 볼 수 있다. 해저터널로서 막대한 자본이 투입되는 본 사업 시설의 운영 효율성 측면에서 고정비를 최소화 할 수 있는 최소한의 승객과 물동량 확보는 최우선 과제이다. 대체 수단(항공 및 인천항, 평택항 등 주요 항만)과의 경쟁이 치열해지는 시장 환경에서 사용료 관련 위험을 경감시키기 위해 운영사와 사업참여 방식에 대한 최소 요건 등을 구체화하고, 이를 이행할 수 있는 구체적인 방안을 강구해야 한다.

② 운영 위험

운영 위험의 발생은 운영기간 동안 의도한 서비스의 제공이 이루어지지 않거나 성과기준에 미흡하여 추가적인 비용이나 손실이 발생하게 되는 경우, 운영비용이 실시협약의 운영비용을 초과하여 발생하는 경우 등으로 볼 수 있다. 이는 운영전문회사를 본 사업에 주주로 참여시키거나 또는 관리운영위탁계약 체결함으로써 운영 위험을 경감시킬 수 있다.

③ 재무 위험

건설 및 운영기간에 예기치 않은 이자율의 변동으로 인해 총 투자비 및 이자비용이 증가하는 위험과 건설기간 중 예상보다 물가상승률이 높아져 투자비가 상승할 위험, 운영기간 중 예상보다 물가상승률이 낮아져 실제 발생한 물가만큼 사용료를 인상하지 못하여 발생하는 위험을 대표적으로 들 수 있다. 이에 대해 예비재원조달 및 출자자의 후순위주주차입금 투입의 자금 보충 약정을 통해 위험을 경감시킬 수 있다.

경기개발연구원 Gyeonggi Research Institute

경기개발연구원은 국가발전 및 경기도와 시·군의 경쟁력 강화와 삶의 질 향상을 위한 정책개발을 목적으로 1995년에 설립된 연구기관이다. 경제, 도시·지역계획, 교통, 환경, 자치행정, 사회문화, 통일동북아 등 다양한 분야에 대한 전문적이고 체계적인 정책연구를 수행하고 있으며 다양한 종류의 연구보고서 및 정기간행물 등을 발간하고 있다. www.gri.kr

연구책임자

조응래 | 경기개발연구원 부원장

공동연구자

노춘희 | 경인발전연구원 원장

김은경 | 경기개발연구원 연구위원

김점산 | 경기개발연구원 연구위원

이수행 | 경기개발연구원 연구위원

공동집필진

권혁빈 | 한국철도기술연구원 선임연구원

김연규 | 한국교통연구원 선임연구위원

박장수 | SE금융자문(주) 대표이사

신현영 | 대우건설기술연구원 선임연구원

신희순 | 한국지질자원연구원 책임연구원

이한석 | 한국해양대학교 해양공간건축학부 교수

한울아카데미 1315
21세기 동북아 연결망 한중 해저터널의 기본구상

엮은이 · 경기개발연구원
지은이 · 조응래, 노춘희, 김은경, 김점산, 이수행, 권혁빈, 김연규, 박장수, 신현영, 신희순, 이한석
펴낸이 · 김종수
펴낸곳 · 도서출판 한울

초판 1쇄 인쇄 · 2010년 12월 5일
초판 1쇄 발행 · 2010년 12월 10일

주소 · 413-756 파주시 교하읍 문발리 535-7 302(본사)
121-801 서울시 마포구 공덕동 105-90 서울빌딩 3층(서울 사무소)
전화 · 영업 02-326-0095, 편집 02-336-6183
팩스 · 02-333-7543
홈페이지 · www.hanulbooks.co.kr
등록 · 1980년 3월 13일, 제406-2003-051호

Printed in Korea.
ISBN 978-89-460-5315-1 93540

* 가격은 겉표지에 있습니다.